Koi

AUTOR: RICHARD HILBLE | FOTOGRAFIN: CHRISTINE STEIMER

Inhalt

46 Fit und gesund

Extras

Faszinierende Koi

Koi sind Fische mit einer langen Geschichte: Ihre Vorfahren waren in Asien schon vor über 2000 Jahren als Zierfische sehr begehrt. Und bis heute gibt es keine majestätischeren Fische für den Gartenteich als die japanischen Koi: Ihre Farbenpracht zieht uns ebenso in Bann wie ihr zutrauliches Wesen.

Fische auf Karriere-Kurs

Auch wenn man es auf den ersten Blick kaum glauben mag: Die bunten Koi stammen von den grausilbernen Wildkarpfen ab. Diese lebten ursprünglich in den wärmeren Regionen Chinas, Japans, Mittel- und Kleinasiens sowie im Einzugsgebiet des Kaspischen und Schwarzen Meers. Von dort verbreiteten sie sich über ganz Asien und über das Donausystem bis nach Europa. Heute sind Wildkarpfen sehr selten geworden und vom Aussterben bedroht.
So unterschiedlich Koi und Wildkarpfen auch aussehen, in zwei wesentlichen Merkmalen stimmen sie überein: Koi besitzen die gleiche lang gestreckte Körperform wie ihre wilden Vorfahren. Im Gegensatz dazu haben die ebenfalls vom Wildkarpfen abstammenden Speisekarpfen eine untersetzte Gestalt. Und sowohl den Koi als auch den Wildkarpfen fehlt der für Speisekarpfen typische erhöhte Nacken hinter dem Kopf.

Ein Speisefisch als Glückssymbol

In Europa standen Karpfen schon früh hoch im Kurs: Sie wurden von den Griechen und Römern in Teichen gehalten, und in England galten Karpfen schon um 1500 als beliebte Speisefische.
Die ältesten Zeugnisse über die Karpfenhaltung stammen jedoch aus China. Bereits 500 v. Chr. gab es dort ein Buch über die Karpfenzucht, und nach Überlieferungen schenkte im Jahr 533 v. Chr. der Herrscher des Staates Lu dem Philosophen Konfuzius zur Geburt seines ersten Sohns kostbare Karpfen. Sie galten als Sinnbild für Glück, Tapferkeit, Erfolg und langes Leben. In den folgenden Jahrhunderten gelangten Wildkarpfen von China nach Japan. Doch es sollte noch rund 2000 Jahre dauern, bis der Siegeszug der Koi begann und die Fische mit ihren leuchtenden Farben Menschen rund um den Globus faszinierten.

Wie die Koi-Zucht in Japan begann

Erst um 1800 begann in der japanischen Präfektur Niigata, rund 250 km nordwestlich von Tokio, die Zucht der Koi, wie wir sie heute kennen. Den Ursprung haben wir den einstigen Reisbauern dieser Gegend zu verdanken. Diese hielten zur Ergänzung ihres Speiseplans in ihren reich bewässerten Reisfeldern Karpfen. Seltene Farbmutanten der Fische – vermutlich zuerst rote, dann weiße – inspirierten die Bauern, eine Farbkarpfenzucht zu versuchen. Bald waren diese frühen Koi-Züchter so von den Fischen mit ihren prächtigen Farben und Mustern fasziniert, dass auch Rückschläge in Gestalt heftiger Erdbeben, extrem schneereicher Winter sowie die mühevolle Erschließung neuer terrassenförmi-

ger Teichanlagen in der bergigen Region von Niigata sie nicht von ihrem Vorhaben abhalten konnte: Die Zucht wurde bis heute beständig verfeinert, und es entstanden immer neue Farbvarianten. Schließlich waren aus den Speisefischen begehrte Sammlerobjekte geworden – die Farbkarpfen, auf Japanisch »Nishikigoi«. Die beiden japanischen Schriftzeichen für diesen Begriff spiegeln die Ursprünge der Koi-Zucht wider: Das linke Symbol bedeutet »Fisch«, das rechte »Dorf«.
Vor ungefähr 25 Jahren breitete sich die Zucht dann bis in den südlichen Teil Japans aus. Hier erleichterten die flachere Landschaft und das günstigere, mildere Klima den Züchtern vieles, und schon bald konnten sie große Erfolge verzeichnen.

Moderne Zucht: Koi-Harvesting

Bevor in der rauen Region Niigata der fast vier Monate lange Winter beginnt, ist für Japans Koi-Züchter Hochsaison. Nun beginnt die »Koi-Ernte«, das sogenannte Koi-Harvesting: Die über den Sommer in Naturteichen lebenden Koi werden »nach Hause« geholt. In gemeinschaftlicher Arbeit fischen die Züchterfamilien die gut gewachsenen, wohlgenährten Koi mittels großer Zugnetze ab und bieten sie Händlern aus der ganzen Welt zum Kauf an.
Das Ganze spielt sich in einem recht nüchternen Ambiente ab: Die Becken japanischer Züchter, in die die abgefischten Koi eingesetzt werden, sind in der Regel große betonierte Pools mit leistungsstarken Filter- und Sauerstoffanlagen, die von hohen Gewächshäusern umschlossen sind. In solchen

Wildkarpfen sind immer voll beschuppt. Sie halten sich meist in Gesellschaft ihrer Artgenossen am Teichgrund auf, um Nahrung aufzuspüren.

Pools kann eine Vielzahl nicht verkaufter Koi und zur Weiterzucht vorgesehener Tiere im klaren Wasser überwintern.

Ein Teil der verkäuflichen Koi gelangt per Pritschenwagen zu den nur für japanische Züchter und Händler zugänglichen Koi-Auktionshäusern. (Europäische Händler bekommen Koi nur beim Züchter.) Dort begutachten die Interessenten die Koi von Tribünen aus und können per Handzeichen Fische beim Auktionator ersteigern. Diese Auktionen sind natürlich ein beliebter Treffpunkt vieler Koi-Züchter.

Koi-Wettbewerbe in Japan

Doch die besten Exemplare aus dem Koi-Harvesting werden zunächst nicht verkauft, sondern zu den großen Ausstellungen wie z. B. der »All Japan Show« zur Prämierung gebracht. Jeder Züchter hofft dort auf die große Ehre, dass einer seiner Koi als Champion prämiert wird. Dieser kann bei einem späteren Verkauf eine stattliche Summe einbringen oder die weitere Zucht im nächsten Jahr bereichern. Einen Preis zu erringen, bedeutet für die Züchterfamilien neben dem Gefühl der Ehre auch eine wirkungsvolle Werbung, um ihren Namen im Koi-Business bekannter zu machen.

Koi-Zucht weltweit

Früher wurden hochwertige Ausstellungssieger meist nur in Japan gehandelt. Seit einem Einbruch der Wirtschaft vor zehn Jahren hat sich das Koi-Geschäft jedoch gewandelt, und inzwischen werden weltweit mehr Koi verkauft als im Ursprungsland. Mit dem Interesse an asiatischen Kulturen wurden Koi vor knapp 40 Jahren auch in der westlichen Welt bekannt und sind heute in allen Gesellschaftsschichten beliebt. Dies hat in den letzten Jahrzehnten zu einem Boom der Koi-Produktion geführt.

Auswahl und Selektion japanischer Koi erfolgen mit großer Sorgfalt. Um die »Juwelen« unter den Koi zu finden, braucht man ein geschultes Auge.

Besonders in Israel, Thailand und China werden enorme Mengen produziert, und auch in Europa sind in den letzten Jahren viele Züchter auf diesen Zug aufgesprungen. Die Qualität dieser Massenzuchten ist allerdings nicht sehr hoch. Die sogenannten Euro-Koi sind gut an den oft auftretenden schwarzen Farbpigmenten (»Shimi«) auf helleren Grundfarben zu erkennen, und auch Körperform und Beflossung dieser Koi entsprechen oft nicht mehr den japanischen Richtlinien.

Doch dieser Trend scheint sich umzukehren: Viele Koi-Liebhaber sind inzwischen wieder an hoher Qualität aus Japan interessiert. In England, Holland, Belgien und Deutschland werden deshalb aufgrund der hohen Nachfrage nach hochwertigen Koi Ausstellungen nach japanischem Vorbild organisiert, bei denen oft sogar eine japanische Jury zur Prämierung der Koi eingeladen wird.

Typisch Koi

Rein biologisch betrachtet sind Koi nichts anderes als Karpfen mit Farbzeichnung. Doch Koi haben viel mehr zu bieten als ein attraktives Aussehen: Es ist ihr ungewöhnliches Verhalten, das zu ihrer großen Beliebtheit beigetragen hat und das unter Süßwasserfischen einzigartig ist.

Koi – Fische mit Familiensinn

Im Gegensatz zu anderen Fischen, die in Gartenteichen gehalten werden können, werden Koi ausgesprochen zutraulich. Sie lassen sich sogar anfassen und streicheln oder aus der Hand füttern. Nach einer kurzen Eingewöhnungszeit erkennen Koi die Umrisse, Schritte und Stimmen der Menschen, die sie pflegen. Und es wird nicht lange dauern, bis auch Ihre Koi alle Bewegungen rund um den Teich aufmerksam registrieren und Sie neugierig im Wasser am Teichrand entlang begleiten.

Doch in erster Linie schätzen Koi natürlich die Gesellschaft ihrer Artgenossen. Koi sind zwar keine typischen Schwarmfische, sie sind aber auch nicht gern allein und fühlen sich erst dann wohl, wenn

Gelungen: eine wunderschöne Farb-Mischung echter japanischer Koi. Das verstärkte Auftreten der Farbe Rot verleiht einem Koi-Teich eine besonders edle Note.

sie mit ihresgleichen im Teich leben. Da Koi sogenannte Friedfische sind, tolerieren sie aber auch andere Fischarten in ihrer unmittelbaren Nähe.

Besondere Merkmale

Auf den ersten Blick mögen Koi ein wenig den bekannten Goldfischen *(Carassius auratus gibelio)* gleichen, eine Verwechslung ist jedoch bestenfalls bei jungen Tieren möglich. Beide Arten unterscheiden sich deutlich durch äußere und innere anatomische Merkmale.

› Koi erreichen schon im Alter von zwei Jahren eine Länge von bis zu 40 cm. Nach einigen Jahren mit warmen Sommern können Koi sogar zu einer stattlichen Größe von bis zu 1 m heranwachsen. Goldfische werden dagegen – je nach Zuchtform – maximal 30 cm groß. Bei bester Pflege und gutem Futter können Koi so schnell wachsen wie kaum ein anderer Fisch.

› Das Maul der Koi ist leicht unterständig geformt, d. h., die Mundöffnung zeigt fast nach unten. Dies weist darauf hin, dass Koi ihre Nahrung in der Natur überwiegend vom Gewässergrund aufnehmen.

› Koi tragen zu beiden Seiten des Mauls je zwei Barteln – ein eindeutiges Kennzeichen, das Goldfischen fehlt. Diese Barteln sind durchsetzt von winzigen Tast- und Geschmacksknospen und helfen den Koi bei der Nahrungssuche.

› Koi zeichnen sich durch ein für Fische ungewöhnliches Verdauungssystem aus: Ihnen fehlt der Magen. Zum Ausgleich ist der Darm in verschiedene Abschnitte unterteilt. Aufgrund dieser Besonderheit können Koi keine Nahrung speichern, sondern müssen ständig kleine Futtermengen aufnehmen.

› Die verschiedenen Zuchtformen der Koi unterscheiden sich nicht nur in ihren Farben und Mustern, sondern auch in der Beschuppung. Manche sind vollständig von Schuppen bedeckt, andere tragen nur teilweise Schuppen, wieder andere besitzen glitzernde Schuppen (→ Seite 12).

› Im Durchschnitt werden Koi bei uns bis zu 30 Jahre alt, bei bester Pflege können sie sogar ein Alter von 40 Jahren erreichen.

Zwei Paare Barteln machen Koi unverwechselbar: die oberen sind kleiner, die unteren größer.

Anatomie und Sinne

Maul

Das leicht unterständige, vor-
gestülpte Maul ist ideal für die
Futtersuche am Teichgrund. Links
und rechts vom Maul sitzt je ein Paar
Barteln. Tiefer im Maul, auf den unte-
ren Schlundknochen, liegen sechs
Schlundzähne. Sie zermahlen die
Nahrung durch Gegendruck auf
die über ihnen liegenden
Kauplatten.

Augen

Weil Koi ihre Nahrung vor
allem vom Teichgrund auf-
nehmen, können sie in aller-
nächster Nähe gut sehen. Zum
Schutz vor Feinden können Koi aber
auch Bewegungen an der Wasseroberfläche oder am Ufer sehr gut
wahrnehmen. Sie sind sogar
in der Lage, Farben zu
erkennen.

Nase

Koi besitzen oberhalb des
Mauls zwei kleine Nasen-
gruben. In ihnen liegen viele
kleine Hautfalten mit der sogenannten Riechschleimhaut, in die
Chemorezeptoren eingebettet sind.
Mit ihnen können Koi die verschiedensten Gerüche
wahrnehmen.

Kiemen

Unter den seitlich am Kopf
sichtbaren Kiemendeckeln liegen
die Kiemen. Sie sind – neben der
Schleimhaut – das für alle Fische wich-
tigste Atmungsorgan. Über die Blut-
äderchen der Kiemen wird Sauerstoff aus dem Wasser ins
Blut aufgenommen und
Kohlendioxid abgege-
ben.

Schuppen und Haut

Die Schuppen der Koi sind von einer atmungsaktiven, gleitfähigen Schleimhaut überzogen. Sie schützt die Fische vor Bakterien und Parasiten. Um diese Haut nicht zu verletzen, sollte man Koi möglichst selten und nur sehr vorsichtig anfassen. Geht eine Schuppe verloren, so kann sie zwar nachwachsen, der Koi ist an dieser Stelle jedoch anfälliger für Infektionen und Pilzkrankheiten.

Flossen

Koi besitzen – wie alle Karpfen – eine lange Rückenflosse mit bis zu 26 stützenden Strahlen. Unter den Kiemenbögen sitzen die paarigen Brustflossen, knapp dahinter die beiden Bauchflossen. Die Afterflosse steht kurz hinter der Afteröffnung. Mit der Rücken- sowie den Brust- und Bauchflossen kann der Fisch seine Lage im Wasser stabil halten, die Brustflossen dienen außerdem als Bremse und Höhensteuer. Am Körperende sitzt die kräftige, gegabelte Schwanzflosse, die schnelle Schwimm- und Fluchtreaktionen ermöglicht. Alle Flossen können einzeln koordiniert werden.

Seitenlinie

Das Seitenlinienorgan erstreckt sich beidseitig vom Kopf bis zum Schwanzansatz. Mithilfe der Rezeptoren, die in den mit einer gallertartigen Flüssigkeit gefüllten Kanälen liegen, können Koi geringste Bewegungen – selbst im trüben Wasser – wahrnehmen und sich orientieren.

Die verschiedenen Koi-Varianten

Ein wesentliches Element der Attraktivität von Koi ist die Beschuppung. Man unterscheidet dabei folgende drei Varianten.

› Von größter Bedeutung sind Koi mit der sogenannten Vollbeschuppung. Diese Variante erinnert am stärksten an die Ursprungsform der Karpfen.

› Die zweite Variante sind teilbeschuppte Koi. Sie entstanden durch Einkreuzung deutschstämmiger Spiegelkarpfen. In Japan nennt man sie die Doitsu-Variante (Deutscher). Diese Koi tragen entlang der Rücken- und Seitenlinie einzelne spiegelnde Schuppen, die sich gut von der übrigen Haut, die komplett schuppenfrei ist, abzeichnen. Wichtig ist die Anordnung der Schuppen, z. B. in Reihen. Manche Koi dieser Zucht bleiben komplett schuppenlos, werden aber trotzdem den Doitsu zugeordnet.

Koi-Auktionen sind in Japan beliebt. Dabei bleiben die Koi aus Hygienegründen in den mit Wasser und Sauerstoff angereicherten Plastikbeuteln.

› Die letzte Variante, die Ginrin-Beschuppung, ist in Europa sehr beliebt, weil die stark metallisch glitzernden Schuppen durch das in den Teich einfallende Sonnenlicht besonders auffällig schimmern. Diese Beschuppung sieht man fast nur bei voll beschuppten Koi, nur selten glitzert eine vereinzelte Spiegelschuppe beim Doitsu.

Die Farben der Koi

Rot, Weiß und Schwarz in den unterschiedlichsten Kombinationen sind die Grundfarben der Koi. Heute kennt man über 120 Farbvarianten, und jedes Jahr kommen neue dazu. Um diese Varianten auseinanderhalten zu können, werden sie in 13 verschiedene Gruppen und eine separate Ginrin-Gruppe (Koi mit glitzernden Schuppen) unterteilt. Neben den in den Porträts (→ Seite 14–19) vorgestellten Varianten gibt es noch die Gruppen Bekko und Goromo. Unter Shiro Bekko versteht man Koi mit mattweißer Grundfarbe. Aka Bekko sind Koi mit mattroter, Ki Bekko solche mit mattgelber Grundfarbe. Bekko besitzen schwarze Flecken (Sumi). Goromo haben eine ähnliche Farbaufteilung wie Kohaku (→ Seite 14): eine rote Zeichnung auf weißem Grund. Der Schuppenrand ist jedoch andersfarbig eingefasst – beim Ai Goromo blau, beim Sumi Goromo bordeauxfarben und beim Budo Goromo braunschwarz.

Lassen Sie bei der Wahl der Koi Ihrer Fantasie freien Lauf. Am besten wählen Sie eine ausgewogene Farbkombination. Für ein edles Ambiente eignen sich Koi mit roter Zeichnung am besten. Einfarbige Koi beruhigen das Gesamtbild und wirken als einzelnes Tier in einer farbigen Gruppe am besten.

Die Körperform

Bei der Beurteilung dieses wichtigen Qualitätskriteriums werden die Koi stets von oben betrachtet.

› Ein Koi sollte eine lang gestreckte Gestalt haben und gut genährt sein. Beide Körperseiten sollten von der Rückenflosse aus betrachtet weder Ausbuchtungen noch Dellen besitzen und außerdem schön symmetrisch sein. Die Formen sollten rundlich und nicht kantig sein – dies ist der Grund dafür, weshalb weibliche Tiere bei Wettbewerben immer im Vorteil sind.

› Der Übergang vom wohlgeformten Kopf zum Körper darf nicht überhöht sein, ein ganz leichter »Nacken« wird jedoch toleriert.

› Die paarigen Flossen – Brust- und Bauchflossen – sollten immer gleich groß und schön gerändet sein. Auch Rücken-, Schwanz- und Afterflosse sollten gut geformt sein. Die Größe der Flossen sollte in einem harmonischen Verhältnis zum gesamten Körper stehen.

Kriterien für die Showbewertung

Auch wenn Sie nicht vorhaben, einen Ihrer Koi zu einer Ausstellung zu bringen, sollten Sie die Showkriterien kennen, nach denen ein Koi als gut aussehend beurteilt wird – schließlich richtet sich danach auch der Kaufpreis.

› Die Körperform macht 50 % der Bewertung aus. Wichtig ist, dass die Tiere auf den ersten Blick insgesamt harmonisch erscheinen.

› Auch die Farbaufteilung eines Koi sollte harmonisch sein, d. h., die Farbfelder sollten gleichmäßig verteilt sein, bevorzugt bis zur Seitenlinie reichen und kurz vor dem Schwanzstiel enden. In den Flossen oder über den Augen sind Farbfelder nicht erwünscht, werden aber akzeptiert, wenn sie auf beiden Seiten auftreten.

› Von vorzüglicher Farbqualität spricht man, wenn die Farbe durchgehend so intensiv ist, dass einzelne Schuppen kaum noch zu erkennen sind. Auch sollten die Ränder der Farbfelder möglichst scharf abgegrenzt und frei von grauen Schatten sein.

› Die Schuppen sollten wie bei einem Tannenzapfen regelmäßig ineinandersitzen und sich – nicht

Ein noch jugendlicher Shiro Bekko. Diese Variante besticht durch eine weiße Grundfärbung mit gleichmäßig angeordneten schwarzen Wolken.

nur bei einfarbigen Koi – als attraktives Netzmuster absetzen. Auch einzeln, z. B. in Reihen aufgesetzte Schuppen (Doitsu) sollten gleichmäßig verteilt sein.

Kohaku

Grundfärbung Kohaku sind Koi mit reinweißer Grundfarbe und einer sehr intensiven, gut abgegrenzten roten Zeichnung. Diese Variante ist in Japan sehr beliebt und stellt die Hauptproduktion japanischer Koi dar. Viele Kohaku im Teich ergeben ein edles Gesamtbild. Diese Koi-Variante sollte deshalb vorherrschen.

Ausprägungen Kohaku werden nach ihrer Farbzeichnung in zwei Hauptgruppen gegliedert: Tiere mit durchgezogenem Farbmuster nennt man Moyo (→ Abb.), solche mit geteiltem Farbmuster Dangara. Reicht das rote Farbfeld vom Kopf bis zum Schwanz, nennt man sie Straight Kohaku. Von einem Inazuma Kohaku spricht man, wenn eine blitzartige rote Zeichnung auf weißem Grund liegt. Der berühmte Tancho Kohaku, der an die japanische Nationalflagge erinnert, ist rein weiß und trägt auf der Kopfmitte einen möglichst runden roten Fleck. Im Übrigen werden Kohaku je nach Anzahl der roten Farbfelder benannt: Nidan Kohaku steht für zwei, Sandan Kohaku für drei und Yondan Kohaku für vier Farbfelder.

Taisho Sanke

Grundfärbung Koi mit weißer Grundfarbe mit roter und schwarzer Zeichnung bezeichnet man als Sanke. Dies sind sehr beliebte Koi, die in keinem Teich fehlen dürfen.

Ausprägungen Wie beim Kohaku sollte die Hauptfarbe ein strahlendes, sauberes Weiß sein, von dem sich die roten und schwarzen Flecken kräftig abgrenzen. Besonders hochwertig ist ein Sanke, wenn er schwarze Wolken im weißen Bereich – angrenzend an das rote Muster – besitzt. Feine schwarze Streifen auf Brust- und Schwanzflossen sind gern gesehen, auf dem Kopf ist Schwarz dagegen nicht erwünscht. Das Verhältnis von Rot zu Schwarz sollte 2:1 betragen. Eine einseitige Verteilung der Farbmuster ist nicht erwünscht. Von Vorteil ist, wenn die Farbfelder bis zur Seitenlinie reichen. Hat ein Sanke zur roten Körperzeichnung noch einen roten Fleck auf dem Kopf, spricht man von einem Maruten Sanke. Hochwertige Tiere glänzen durch außergewöhnlich dichte Farben, bei denen die Schuppen kaum mehr sichtbar sind.

Showa Sanshoku

Grundfärbung Diese Variante ist genauso dreifarbig wie der Sanke. Im Unterschied zu diesem ist seine Grundfarbe jedoch nicht Weiß, sondern Schwarz.

Ausprägungen Helle Showa sind leicht mit Sanke zu verwechseln. Das beste Merkmal für den Showa ist jedoch das Schwarz am Ansatz der Brustflossen (Motoguru) und auf dem Kopf. Das tiefe Schwarz wirkt besonders imposant und wächst vom unteren Teil des Körpers scheinbar nach oben. Die weißen und roten Farbfelder müssen sauber abgegrenzt sein. Ein Showa sollte zu ca. 20 % weiß sein. Eine Ausnahme ist die neuere Showa-Linie, der Kindai Showa (→ Abb.). Bei ihr ist ein Weißanteil bis zu 40 % erlaubt. Der klassische Showa wirkt sehr dunkel und beeindruckend. Besondere Beachtung findet die schwarze Kopfzeichnung dieser Variante, so wird z. B. eine blitzförmige Zeichnung (Menwore) oder eine V-Zeichnung sehr geschätzt. Der Kin Showa trägt statt der roten eine orangefarbene Zeichnung.

Utsurimono

Grundfärbung Der Utsuri ist ein zweifarbiger Koi, bei dem die schwarze Grundfarbe von der Körperunterseite nach oben strebt und etwa 40 % des Farbanteils ausmacht.

Ausprägungen Wie beim Showa sollte der Ansatz der Brustflossen und die Kopfzeichnung in prägnantem Schwarz gefärbt sein. Beide Körperseiten sollen gleiche Anteile von Schwarz – mit eher größeren Farbfeldern – besitzen. So wirkt der Utsuri grafisch und markant. Schwarze Farbspritzer (Shimi) sind nicht erwünscht, sie beeinträchtigen das Muster. Utsurimono gibt es mit drei Ergänzungsfarben, die die übrigen 60 % des Körpers bedecken: Ist diese Farbe Weiß, nennt man sie Shiro Utsuri, ist sie Rot, bezeichnet man sie als Hi Utsuri (→ Abb.), und Koi mit orangefarbener oder gelber Farbe heißen Ki Utsuri. Unter Kin Ki Utsuri versteht man einen besonders metallisch glänzenden Utsuri mit Orangeanteil. Die Ergänzungsfarben sollten besonders klar und strahlend sein – das macht die Klasse dieser Koi aus.

Tancho

Grundfärbung Den Tancho gibt es in vielen verschiedenen Varianten, Namensgeber ist immer der rote Kopffleck. Nennenswert ist, dass beim Tancho das Rot nur auf dem Kopf vorkommen darf. Der Tancho Kohaku (→ Abb.) ist der bedeutendste von allen.

Ausprägungen Die rote Kopfzeichnung muss nicht ausschließlich in Form des kreisrunden Flecks vorkommen, sondern darf durchaus auch hufeisen- oder herzförmig und oval sein. Dies liegt ganz im Ermessen des Betrachters. Wichtig ist hier nur, dass der Kopffleck die Augen des Koi frei lässt. Außerdem soll er mittig angeordnet sein und durch sein dichtes Rot auffallen. Eine klar abgegrenzte Körperfärbung ist für die schöne Wirkung des roten Kopffleck vorteilhaft. Bei Koi bis zum zweiten Lebensjahr besteht das Risiko, dass der Kopffleck wieder verschwindet. Den Tancho Sanke zieren zusätzlich zum Tancho-Fleck nur schwarze Wölkchen auf schneeweißem Grund. Der imposante Tancho Showa ist der Einzige, dessen Kopffleck von Schwarz durchzogen sein darf.

Ogon

Grundfärbung Als Ogon bezeichnet man die drei einfarbigen Koi-Varianten. Ihre Haut erscheint in herrlichem Glanz, deshalb gehört ein Ogon als beruhigend wirkende Ergänzung in jeden Teich.

Ausprägungen Das Schuppenkleid ist der besondere Blickfang des Ogon, es soll deshalb fehlerlos und gleichmäßig angeordnet sein. Schuppenfehler oder sichtbare Narben beeinträchtigen den Wert eines Ogon erheblich. Grauschleier oder Schatten auf Kopf oder Körper sind ebenfalls nicht erwünscht. Der beliebteste einfarbige Ogon ist wohl der goldgelbe Yamabuki Ogon (→ Abb.). Die Gelbnuancen reichen von Zitronen- bis Sonnengelb. Auch der orangefarbene Orenji Ogon ist, besonders in Jumbo-Größe, eine Augenweide. Nicht weniger erwähnenswert ist der reinweiße Platinum Ogon. Ogon bestechen – mit Ausnahme des Platinum Ogon – durch schnelles Wachstum und beachtliche Größe. Alle Ogon gibt es außerdem mit vielen einzeln angeordneten Glitzerschuppen in der beliebten Ginrin-Version.

Kujyaku

Grundfärbung Bei dieser hellen Variante glänzt die Haut silbrig metallisch. Die ergänzenden Farbflächen auf dem Körper variieren in zwei bis drei weiteren Farben von hellem Gelb über Orange bis hin zu Rotbraun.

Ausprägungen Das deutliche fast schwarze Netzmuster der Schuppen, eine saubere Beflossung und ein Kopf ohne Grauschleier bestechen beim Kujyaku. Die Farbzeichnung kann großflächig oder klein gemustert sein. Beim Kujyaku schätzen Kenner besonders den vollbeschuppten Typ – vor allem in Japan ist er bei der Bewertung klar im Vorteil. Aber auch die Doitsu-Variante mit großen, dunklen Einzelschuppen, die sauber angeordnet entlang der Rücken- und eventuell auch der Seitenlinie verlaufen, hat ihren Reiz. Der Metalleffekt ist auch ohne Netzmuster deutlich zu sehen – ein solcher Koi sollte in Ihrem Teich auf keinen Fall fehlen. Kujyaku – ob voll- oder teilbeschuppt – gibt es auch mit Tancho-Kopffleck, sie sind aber eher selten.

Asagi

Grundfärbung Asagi sind vollbeschuppte Koi mit hell- bis mittelblauer Grundfarbe. Das Schuppennetz, das sich besonders gut absetzt, soll möglichst fehlerfrei sein. Von der Unterseite bis zu den Seitenlinien sind Asagi meist orangefarben oder rot, diese Farbe erscheint auch in den Brustflossenansätzen wieder.

Ausprägungen Kopf und Beflossung des Asagi (→ Abb.) sollen hell cremefarbig sein. Beim Jungfisch ist der Kopf noch ein wenig durchscheinend, später verdichtet sich die Farbe aber. Eine hellblaue Grundfarbe wird besser bewertet als eine dunkel- bis graublaue. Shimi (schwarze Sprenkel) beeinträchtigen die Hochwertigkeit dieser Koi. Die Schuppen des Asagi haben keinen speziellen Glanz. Das Hi (Rot) kann außer auf der unteren Körperhälfte auch an beiden Wangenpartien erscheinen, am besten genau symmetrisch. In hartem Wasser oder in den kalten Monaten wird das Schuppennetz vorübergehend dunkler. Asagi mit hohem Rotanteil nennt man Hi Asagi.

Shusui

Grundfärbung Der Shusui ist ebenso hell- bis mittelblau wie der Asagi, der Unterschied besteht jedoch darin, dass der Shusui nur teilbeschuppt, also als Doitsu-Variante auftritt und eine dunkle Schuppenreihe auf dem Rücken trägt.

Ausprägungen Der Shusui (→ Abb.) trägt auf dem Rücken eine gleichförmig verlaufende Schuppenlinie, die hinter dem Kopf beginnt und am Schwanzansatz endet. Die Wangen sind kontrastreich rot. Im Idealfall besitzt er rote Farbfelder unterhalb der Seitenlinie bis kurz vor den Schwanzstiel und rot gefärbte Brustflossenansätze. Dies kommt jedoch nur selten vor, hauptsächlich bei größeren Tieren. Das Rot des Shusui variiert von Orangegelb bis zu kräftigem Rot. Shusui gibt es mit unterschiedlicher Farbgewichtung. Traditionell sind sie nur am Bauch rot und am Rücken hellblau. Es gibt sie aber auch komplett rot, bis auf eine dunkle Schuppenreihe auf dem Rücken. Dann nennt man sie Hi Shusui. Shusui sind attraktiv, neigen aber dazu, sich dunkel zu verfärben.

Goshiki

Grundfärbung Die japanische Bezeichnung Goshiki bedeutet »fünf Farben«. Weiß, Rot, Schwarz, Blau und Dunkelblau finden sich bei dieser Variante in unterschiedlicher Verteilung wieder. Der Untergrund ist grau, in den verschiedensten Tönungen von hell bis fast schwarz.

Ausprägungen Die Züchtung erfolgte aus den Linien des Asagi und Kohaku. Bei hochwertigen Koi dieser Variante soll die Aufteilung der roten bis violettroten Farbfelder wie beim Kohaku angeordnet sein. Der schwarzgraue Untergrund und die violettrote Zeichnung stehen in starkem Kontrast zueinander. Auch ein heller Untergrund mit dunkel gerändeten Schuppen in kräftiger Rotzeichnung wirkt attraktiv. In härterem Wasser bildet der Goshiki ein sehr dunkles Netzmuster aus, in weichem Wasser bleiben die helleren Farbtöne besser erhalten. Leider tendieren junge Fische dieser Variante dazu, schwarz zu werden. Kaufen Sie deshalb besser einen möglichst großen Vertreter dieses Farbtyps.

Ginrin

Grundfärbung Als Ginrin bezeichnet man Koi mit in der Haut sichtbaren Guanin-Kristallen. Diese haben die Eigenschaft, wie Brillantsplitter auf dem Körper des Koi zu glitzern und schillern.

Ausprägungen Ginrin ist eine spezielle Art der Beschuppung. Das richtige Wort heißt eigentlich »Kinginrin« und bedeutet »silbrig-goldene Schuppen«. Zu den Ginrin zählen aber erst Koi mit einer Mindestanzahl von 20 schillernden Einzelschuppen. Die Ginrin-Beschuppung kann bei allen Farbvarianten in Erscheinung treten, herrscht aber bei vollbeschuppten Koi vor. Bei Sonneneinstrahlung steigert sich der Glitzereffekt um ein Vielfaches und ist sehr eindrucksvoll. Bisweilen verwischt ein zu heftiges Ginrin die Abgrenzung der anderen Farbfelder ein wenig. Dies spielt aber nur bei der Showbewertung eine Rolle. Je nach Lage, Zahl oder Intensität spricht man unter Kennern von Pearl, Beta, Diamant und Kado Ginrin. Eine Ginrin-Variante – etwa der Ginrin Kohaku (→ Abb.) – ist ein absolutes Muss im Koi-Teich.

Kawarimono

Grundfärbung Alle Koi, die nicht den elf zuvor beschriebenen Gruppen zugeordnet werden können und keine Metallic-Haut besitzen, bezeichnet man als Kawarimono.

Ausprägungen Zur Kawarimono-Variante zählen z. B. der braune Chagoi (→ Abb.), der durch seine ungewöhnliche Zutraulichkeit und sein schnelles Wachstum besticht, der graue Soragoi, der Ochiba Chigure (braun mit grauer Zeichnung oder grau mit brauner Zeichnung) und der Kumonryu, ein schwarzer Doitsu mit weißer oder blauer Zeichnung. Auch in dieser Gruppe der »Unauffälligen«, in der hellbraune bis safranfarbene Koi und alle übrigen nicht zuordnungsfähigen Koi einen Platz finden, sind ein schönes Farbmuster, gleichmäßige Beschuppung und schattenfreie, klare Farben angesagt. Eine Ginrin-Beschuppung verleiht dieser Variante das gewisse Etwas. Als kleine Fische verändern sich die Kawarimono noch ganz gewaltig, wählen Sie also besser schon größere Tiere für Ihren Teich.

Auswahl und Kauf

Bevor Sie sich für Koi entscheiden, sollten Sie gut überlegen, ob Koi für Sie geeignet sind und Sie den Fischen die richtigen Bedingungen bieten können.

› Ein Koi-Teich muss ein Volumen von mindestens 10 000 l Wasser haben. Ist Ihr neu geplanter Teich groß und tief genug? Schließlich können Koi bis zu 1 m lang werden. Außerdem sollten Sie nie einzelne Koi halten – die Fische brauchen die Gesellschaft ihrer Artgenossen, um sich wohlzufühlen. Ein Besatz mit drei bis fünf Tieren ist das Minimum.

› Wenn Sie bereits einen Teich haben: Prüfen Sie, ob er groß genug ist und wirklich den Bedürfnissen der Koi gerecht wird (→ Seite 27).

Augen auf beim Koi-Kauf!

SERIÖSE HÄNDLER Kaufen Sie Ihre Koi nur bei Fachhändlern, die Ihnen Beratung anbieten. Verzichten Sie auf den Kauf, wenn Ihre Fragen lästig zu sein scheinen. Anbieter, die nur provisorische Becken mit unzureichender Filterung zum saisonalen Verkauf haben, sollten Sie meiden. Kaufen Sie auch nicht bei mehreren Händlern, sondern nur bei einem. Sonst werden leicht verschiedene Bakterienstämme in den Teich eingeschleppt.

SAUBERKEIT Sind die Verkaufsanlagen sauber und die Fische gesund (→ Seite 22)? Unangenehmer Geruch oder gar tot in den Becken herumtreibende Koi sind ein denkbar schlechtes Zeichen.

PREISE Bei Messen werden manchmal Koi sehr günstig angeboten. Hier kann unmöglich auf richtige Hygiene oder Krankheiten geachtet werden.

› Koi werden bis zu 30 Jahre alt. Sind Sie bereit, so viele Jahre immer wieder Zeit und Geld in Ihre Fische zu investieren?

Wichtig Wenn Sie Kinder haben oder Kinder von außen auf Ihr Grundstück gelangen können, müssen Sie von Anfang an für Sicherheit am Koi-Teich sorgen, denn Wasser zieht Kinder magisch an. Sichern Sie den Teich unbedingt mit einer Umzäunung, auch wenn dies auf Kosten der Ästhetik geht. Lassen Sie Kinder nie unbeaufsichtigt an den Teich.

Wo kauft man Koi am besten?

Koi-Kauf ist Vertrauenssache. Am besten besuchen Sie einige Koi-Anbieter und verschaffen sich einen Eindruck von deren Kompetenz und der Sauberkeit der Anlagen. Als Neueinsteiger brauchen Sie in den ersten sowie den folgenden Jahren unbedingt einen Fachmann, der Ihnen mit Rat und Tat zur Seite steht. Fragen Sie den Händler nach Koi aus japanischer Zucht. Diese Tiere sind durch fachmännische Vermehrung und hochklassige Elterntiere besonders farb- und formbeständig bis ins hohe Alter und haben das höchste Wachstumspotenzial. Europäische Koi sind zwar hübsch, neigen aber zu großen Veränderungen während des Wachstums.

Kaufen Sie keine Koi, die nur im Internet oder in Magazinen angeboten werden. Die auf den Fotos gezeigten Tiere entsprechen oft nicht der Realität.

Kriterien für die Wahl

Damit Sie wirklich nur erstklassige Koi wählen, sollten Sie folgende Punkte beachten:

› Kaufen Sie nur Tiere, die mindestens 15 cm lang sind. Denn kleinere einjährige Koi sind nach dem

Wer die Wahl hat, hat die Qual: Ein guter Händler setzt den gewünschten Koi in eine blaue Wanne. Details wie die Aufteilung der Farbfelder sowie die Körperform sind so am besten zu erkennen.

Winter und dem Import aus Japan oft sehr schwach und würden Ihnen nicht allzu lang Freude machen. Zudem haben sie die Angewohnheit, sich permanent zu verstecken – mit gutem Grund, denn natürliche Feinde wie z. B. Graureiher oder Katzen gibt es auch am Gartenteich.

› Größere Koi sind robust und Farbe sowie Zeichnung sind bereits besser ausgebildet. Bei kleinen Exemplaren lässt sich dagegen die Qualität kaum beurteilen: Ein gleichmäßiges Schuppenmuster ist schlecht zu erkennen, die Farbaufteilung und deren Weiterentwicklung unterliegt dem Wachstum und kann nur von einem Fachmann beurteilt werden.

Manchmal verlieren kleine Koi sogar die Farbe oder werden übersät von kleinen schwarzen Sprenkeln.

› Prüfen Sie, ob die Koi in einem optimalen Ernährungszustand und gesund sind. Um festzustellen, ob ein Koi normal reagiert und fit ist, sollten Sie ein paar Futterkörnchen ins Wasser streuen. Schwimmt der Koi neugierig auf das Futter zu, ist er vital, und gesund und Sie können ihn bedenkenlos erwerben.

› Kaufen Sie männliche und weibliche Koi. Denn ohne Männchen können die Weibchen im Frühjahr nicht ablaichen, dies könnte zu Laichverhärtungen oder zu Entzündungen führen. Allerdings kann das Geschlecht von Koi erst ab dem zweiten Lebensjahr

Gesunde Koi erkennen

TIPPS VOM
KOI-EXPERTEN
Richard Hilble

VERHALTEN Reagiert der Koi auf Besucher und bewegt sich durch das Verkaufsbecken? Ein Koi sollte nicht lustlos am Grund verharren, sich an Gegenständen scheuern oder Sprünge wagen.

ATMUNG Der Koi atmet mühelos und gleichmäßig. Die Kiemen bewegen sich harmonisch ohne die auffallende Begleiterscheinung eines hektisch spuckenden Mauls.

HAUT Die Schleimhaut des Koi ist klar, nicht getrübt und ohne Rötungen oder Verletzungen. Die Äderchen unter der Haut sind unauffällig und hell.

BESCHUPPUNG Das gleichmäßige Schuppennetz des Koi steht in Reih und Glied und liegt eng am Körper an. Das Netzmuster wird nicht durch Narben beeinträchtigt.

AUGEN Die Augen stehen nicht hervor und folgen interessiert jeder Bewegung am Beckenrand.

FLOSSEN Der Koi bewegt sich mit locker abgespreizten Flossen und wechselt mühelos die Bewegungsrichtung. Die Flossen haben einen klaren Umriss.

sicher bestimmt werden, wenn die Fische 30–35 cm lang sind. Weibchen haben den Vorteil, dass sie schneller wachsen und fülliger sind, bei Männchen sind dafür die Farben ausgeprägter.

Wichtig Kaufen Sie niemals alle Koi auf einmal. Begnügen Sie sich am Anfang mit drei bis fünf Tieren. Wenn Sie dann mehr Erfahrung haben, können Sie Ihre Koi-Sammlung Jahr für Jahr ergänzen.

Gut vorbereitet

Für den Kauf sollten Sie den richtigen Zeitpunkt wählen und prüfen, ob Ihr Koi-Teich gut vorbereitet ist.

Zeitpunkt Die beste Jahreszeit für den Besatz ist der Frühling. Ungefähr ab Mitte April, wenn die durchschnittliche Wassertemperatur sich bei 15 °C eingependelt hat, können Sie zum Koi-Einkauf aufbrechen. Die Koi-Saison dauert über den Sommer hinweg bis etwa Mitte oder Ende September. Danach sollten keine Fische mehr im Teich eingesetzt werden, da sie sonst bis zum Winter zu wenig Zeit zur Eingewöhnung haben.

Erstbesatz Wird ein Teich zum ersten Mal besetzt, sollte er mindestens zwei Wochen vor dem Erstbesatz mit Wasser befüllt werden. Der Filter für das Teichwasser muss mindestens eine Woche bevor die Koi eintreffen, in Betrieb sein. Diese Zeit des sogenannten »Einfahrens« des Teichs ist wichtig, damit das Wasser entgast. Außerdem beginnen sich in dieser Zeit die Filterbakterien zu entwickeln (→ Seite 33). Sie sind wichtig für das biologische Gleichgewicht und eine gute Wasserqualität. Nach dem Erstbesatz mit einer zunächst begrenzten Anzahl von Koi sollten Sie in den ersten Monaten regelmäßig den Nitrit- und pH-Wert des Wassers prüfen (→ Seite 52). Halten Sie sich mit der Fütterung der Neulinge zurück, sonst wird das Wasser mit Nährstoffen belastet, denn der Filter erreicht erst langsam seine volle Funktion. Nach einigen Monaten sollte sich die Filterfunktion stabilisiert haben, und Sie können die Anzahl der Koi erhöhen. Als Faustregel gilt: Ein Koi pro Kubikmeter Wasser.

Mein Tipp Lassen Sie Ihre Koi am besten gleich beim Kauf vermessen, und tragen Sie die Werte in ein Tagebuch ein. Wenn Sie auch später Ihre Koi regelmäßig messen und die Werte notieren, können Sie sehr gut prüfen, ob sich Ihre Tiere mit der Zeit gut entwickelt haben. Den Größenrekord hält übrigens der braune Chagoi – diese Variante ist außerdem sehr zutraulich und lockt auch die anderen Koi an die Hand (→ Seite 19).

Quarantäne muss sein

Wenn Sie Ihre Koi bei einem guten Fachhändler kaufen, haben die Tiere bereits eine Quarantäne durchlaufen. Denn ein verantwortungsbewusster Händler hält die Koi nach dem Einkauf separat und in temperiertem Wasser. Er hat den Platz, das Know-how und meist einen Tierarzt an der Hand, der die nötigen Haut- und Kiemenabstriche durchführt und gegebenenfalls die Krankheitserreger bestimmen kann.

Quarantäne selbst durchführen Haben Sie einen Koi unbekannter oder zweifelhafter Herkunft gekauft, empfiehlt es sich, selbst eine drei bis vier Wochen dauernde Quarantäne durchzuführen, um Ihren Koi-Bestand nicht zu gefährden. Bereiten Sie das Quarantänesystem mindestens ein bis drei Wochen vor der Nutzung vor.

› Sie benötigen ein separates, großes Becken mit einer vom Teich unabhängigen Belüftung und Filterung. Je nach Größe und Anzahl der Quarantäne-Fische soll das Becken 500–2000 l fassen.

› Lassen Sie das Wasser im Becken einige Tage abstehen, oder befüllen Sie es mit Teichwasser.

› Äußerst wichtig ist ein spezielles Abdecknetz (Fachhandel), damit die Koi nicht aus dem Becken springen – Koi entkommen durch kleinste Löcher.

› Achten Sie darauf, dass der Wasserein- und -auslauf und die Belüftungssteine fest montiert sind, da die Tiere anfangs oft hektisch umherschwimmen und schlimmstenfalls die Sauerstoffzufuhr abreißen.

› Schützen Sie den Quarantäne-Standort im Freien vor zu starker Sonneneinstrahlung.

Wichtig Hält man Koi in der Quarantäne einzeln, muss es nicht zum Ausbruch einer Krankheit kommen. Erst wenn Sie einen Koi aus Ihrem alten Bestand zu dem Neuankömmling setzen, zeigt sich, ob der neue Koi mit Erregern infiziert ist. Entwickeln beide Koi in den folgenden vier Wochen keine Symptome, dürfen sie in den Koi-Teich umziehen. Eine Alternative ist ein Abstrich durch einen Fach-Tierarzt. Doch auch dieser kann leider keine absolute Sicherheit geben.

Wichtig beim Separieren der Koi: Immer auf Sauerstoffversorgung und sichere Abdeckung achten, am besten durch ein passendes Abdecknetz.

Transport und Eingewöhnung

Gestalten Sie den Transport für die Koi möglichst wenig belastend. Gute Händler halten alles für den fachgerechten Fang und Transport bereit.

› Die Koi sollten beim Einfangen nicht verletzt werden. Große Kescher ermöglichen einen stressfreien Fang, ohne die Tiere durch das Becken zu jagen.

› Ist ein Koi im Kescher, bitten Sie darum, seine Kiemen anschauen zu dürfen. Sind diese getrübt oder beschädigt, nehmen Sie Abstand vom Kauf.

› Für den Transport kommen die Koi in feste Kunststofftüten, die etwa halb mit Wasser und halb mit Sauerstoff gefüllt wurden. Für große Koi legt man zwei Plastikbeutel ineinander. Die Kunststofftüten werden in Kartons – an heißen Sommertagen auch in Styroporboxen – verpackt.

› Am Tag der Reise sollte nicht mehr gefüttert werden. So gelangt weniger Kot ins Packwasser.

› Um ein ausreichend großes Behältnis zu wählen, muss der Händler wissen, wie lange Ihre Reise dauern wird. Je länger die Tour ist, umso mehr sauberes Wasser und Sauerstoff benötigen die Koi. Geben Sie die Reisezeit besser etwas großzügig an. Bei optimaler Verpackung kann ein Fisch ohne Schaden bis zu 20 Stunden transportiert werden.

› In das Packwasser kann man vorbeugend ein Desinfektionsmittel geben. Die Dosis muss auf die Wassermenge und die Reisezeit abgestimmt sein.

› Der Händler sollte darauf achten, dass bei keinem Koi ein harter Flossenstrahl absteht, der den Beutel beschädigen könnte. Ist dies doch der Fall, sollte der Flossenstrahl gekürzt werden.

› In einem Beutel können mehrere Koi unterkommen. Sind sie verschieden groß, packt man immer etwa gleich große Koi in einen Beutel. So vermeidet man Verletzungen kleinerer Koi durch große Tiere.

› Eigene Transportutensilien können Sie nur bedingt verwenden. Die Koi müssen immer zuerst in einem fest verschlossenen Plastikbeutel mit Wasser und Sauerstoff untergebracht werden. Diese Beutel können Sie dann in Ihre Wannen oder Kartons stellen.

Reisefertig: Ein fester Plastikbeutel, sauberes Wasser, reiner Sauerstoff und eine stabile Transportbox bringen den Koi sicher ans Ziel.

1 TEMPERIEREN Nach der Ankunft legt man den noch geschlossenen Beutel mit dem Koi zum Temperieren auf die Wasseroberfläche.

2 ANGLEICHEN Anschließend öffnet man den Beutel etwas und gibt in regelmäßigen Zeitabständen etwas Teichwasser zu, sodass es sich mit dem Wasser im Beutel vermischt.

3 EINSETZEN Endlich darf der Koi heraus und sein neues Reich erkunden. Eventuell schon vorhandene Koi werden sich ihm neugierig nähern.

› Die Koi sollten im Auto immer quer zur Fahrtrichtung platziert werden, damit beim Anfahren und Bremsen Nase oder Schwanz nicht verletzt werden.

› Dass das Wasser in den Beuteln während der Fahrt leicht hin und her schwappt, ist kein Problem, sondern eher ein Vorteil: Die Bewegung sorgt dafür, dass Sauerstoff ins Transportwasser gelangt.

› Kartons mit Deckel sind besonders empfehlenswert, weil die Fische sich im Dunkeln ruhig verhalten. Sorgen Sie am besten zusätzlich für eine leichte Beschattung der Box, z. B. mit einer Decke.

Mein Tipp Sollte es Ihnen nicht möglich sein, die Fische selbst zu transportieren, können Sie eine spezielle Spedition mit Befugnis für Tierbeförderung beauftragen.

Richtig einsetzen

Überprüfen Sie vor dem Einsetzen die Wasserwerte im Teich (→ Seite 52), und messen Sie die Temperatur. Je höher die Differenz vom Pack- zum Teichwasser ist, umso mehr Zeit braucht das Angleichen.

› Legen Sie den verschlossenen Transportbeutel auf die Wasseroberfläche, und lassen Sie ihn dort 10–20 Minuten schwimmen. So kann sich die Temperatur im Beutel nach und nach an die des Teichwassers angleichen. Dann öffnen Sie den Beutel und geben jede Minute etwas Teichwasser hinzu. So können sich auch die Wasserwerte angleichen.

› Nun öffnen Sie den Transportbeutel so weit, dass die Koi in die Freiheit schwimmen können. Halten Sie möglichst viel vom verschmutzten Packwasser zurück, und entsorgen Sie es anderweitig.

Alternative Sie können Ihre Koi auch mit dem Transportwasser in eine Kunststoffwanne setzen und immer wieder Wasser aus dem Teich dazugeben. Nach einiger Zeit entlassen Sie mit einem Umsetznetz (Öffnungen auf beiden Seiten) jeden Koi einzeln in den Teich. Beaufsichtigen Sie die Koi in der Wanne – manchmal springt einer hoch.

Die ersten Tage Ab und zu werden Ihre neuen Koi an der Oberfläche nach Luft schnappen. So sorgen die Fische für Druckausgleich. Sind schon Koi im Teich vorhanden, werden sie sich den Neuankömmlingen neugierig nähern. Die Neuen werden sich zunächst immer wieder zurückziehen. Dies ist normal und gibt sich in wenigen Tagen von alleine.

So fühlen sich Koi wohl

Ein Koi-Teich erfüllt mehrere Funktionen. Zum einen ist er ein gestalterisches Schmuckstück in Ihrem Garten, zum anderen ist er für die ganze Familie ein Ort der Entspannung und lädt zum Beobachten ein. Doch in erster Linie sollte er Ihren Koi einen optimalen Lebensraum bieten.

Koi artgerecht halten

Eins vorweg: Der Koi-Teich unterscheidet sich grundlegend von einem gewöhnlichen Gartenteich. Da in einem Koi-Teich verhältnismäßig viele und große Fische auf relativ kleinem Raum leben, wird das Wasser durch das Futter sowie die Ausscheidungen der Koi sehr stark belastet. Unter solchen Bedingungen ist ein Gartenteich ohne eine Filteranlage kaum in der Lage, ein stabiles biologisches Gleichgewicht aufzubauen.

Die Bedürfnisse der Koi

Damit Ihr Teich für Ihre Fische ein optimales Zuhause wird, sollten Sie sich zunächst gründlich über die Bedürfnisse der Koi informieren.

› Weil Koi bis zu 1 m groß werden und in kleinen Gruppen gehalten werden, braucht ein Koi-Teich ein entsprechendes Volumen – 10 m³ (10 000 l Wasser) sind das Minimum. Ein solcher Teich bietet Platz für zehn bis fünfzehn ausgewachsene Koi.

› Gute Wasserqualität ist die Voraussetzung dafür, dass Ihre Koi gesund bleiben und sich gut entwickeln können. Kein Koi-Teich kommt deshalb ohne Technik aus. Eine Belüftungspumpe (→ Seite 28), eine ausreichende Filteranlage (→ Seite 32) sowie eine Wasserpumpe (→ Seite 35) und einige andere technische Hilfsmittel sind als Grundausstattung unverzichtbar.

Sauerstoff – das Lebenselixier!

Das A und O für das Funktionieren eines Koi-Teichs ist ein ausreichend hoher Sauerstoffgehalt des Wassers. Vor allem in den heißen Sommermonaten läuft der Stoffwechsel der Koi auf Hochtouren, und die Tiere verbrauchen sehr viel Sauerstoff. Und je wärmer das Wasser wird, desto weniger Sauerstoff kann es binden. Aber auch in allen anderen Jahres-

Ein natürlich gestalteter Wassereinlauf lockert einen formalen Teichrand sehr schön auf und sorgt außerdem für einen zusätzlichen Sauerstoffeintrag.

zeiten kann es zu Sauerstoffmangel kommen. Schließlich entziehen nicht nur die Koi dem Wasser das lebenswichtige Gas, auch Wasserpflanzen verbrauchen in der Nacht erhebliche Mengen. Diese geben zwar tagsüber bei der Fotosynthese wieder Sauerstoff an das Teichwasser ab, trotzdem kann der Sauerstoff für die Koi in den frühen Morgenstunden knapp werden. Nicht zuletzt verbrauchen auch die Bakterien im Filter (→ Seite 33) bei ihren Stoffwechselprozessen Sauerstoff.

Wichtig: die Belüftungspumpe

Ein Bachlauf, ein Quellstein oder ein Springbrunnen reichern das Wasser im Koi-Teich zwar mit Sauerstoff an, dies reicht aber nicht aus, um die Koi über das ganze Jahr ausreichend zu versorgen. Schließlich darf der Sauerstoffgehalt des Wassers nie unter 5 mg/l fallen. Die sicherste Möglichkeit,

den Sauerstoffgehalt im Teichwasser zu gewährleisten, ist deshalb die Installation einer Belüftungspumpe. Solche Pumpen gibt es in unterschiedlichen Größen und Qualitäten im Fachhandel.

› Zu empfehlen sind Membranpumpen. Sie arbeiten sehr viel leiser und zuverlässiger als sogenannte Kompressoren.

› Membranpumen werden immer außerhalb des Teichs über dem Wasserspiegel – also trocken – aufgestellt. So kann bei einem eventuellen Stromausfall kein Wasser über die Luftschläuche in das Gerät eindringen.

› Der Sauerstoff gelangt über sogenannte Luftausströmersteine in den Teich. Sie werden im Filter platziert und produzieren so feine Perlen, dass der Sauerstoff vom Wasser aufgenommen werden kann. Da sich Luftausströmersteine langfristig mit Kalkablagerungen und feinem Schmutz zusetzen, sollten sie alle ein bis zwei Jahre gründlich gereinigt oder ausgetauscht werden. Leitet man den Sauerstoff direkt von der Pumpe in den Teich, wird die Wasseroberfläche gebrochen. Durch diese ständige Wasserbewegung kann man die Koi kaum noch richtig beobachten.

› Um das Wasser eines Teichs mit etwa 20 000 l Volumen auch bei hohen Temperaturen mit Sauerstoff zu versorgen, muss der Teich mit mindestens 2000 l Luft pro Stunde belüftet werden. Kommt bei der Belüftung reiner Sauerstoff statt normaler Luft zum Einsatz, so sollte der Sauerstoffgehalt regelmäßig überprüft werden, um einer Übersättigung vorzubeugen.

Wichtig Auch wenn Sie einen Koi nur für kurze Zeit – selbst wenn es nur 1 Stunde ist – aus dem Teich nehmen und in einer Wanne z. B. zur Behandlung oder Begutachtung separieren, müssen Sie das Wasser mit Sauerstoff anreichern.

Teichplanung und -anlage

Eine perfekte Planung ist die Voraussetzung für einen gelungenen Koi-Teich. Klären Sie zunächst die wichtigsten Fragen zur Lage und Größe des Teichs sowie zur nötigen Technik: Sie entscheiden darüber, ob Ihr Koi-Teich funktionieren wird. Nehmen Sie dabei ruhig professionelle Hilfe in Anspruch – sie schützt vor nachträglichen Sanierungsmaßnahmen, die oft teurer kommen, als wenn man von Anfang an einen Fachmann zu Rate zieht.

Nun dürfen Sie in gestalterischen Fragen schwelgen: Wo würde der Teich im Garten am besten aussehen? Wo ist Platz für einen beeindruckenden Felsen am Ufer oder für eine Brücke? Wünschen Sie einen Koi-Teich im japanischen Stil oder einen Teich mit naturnahem Ambiente (→ Seite 38/39)?

Lage, Größe und Form

Im Gegensatz zu einem Naturteich, der meist in einer ruhigen Ecke des Gartens angelegt wird, plant man einen Koi-Teich besser in der Nähe des Wohnhauses. So können Sie Ihre Koi jederzeit beobachten, und durch den häufigen Kontakt zu Ihren Fischen werden diese Sie bald am Schritt erkennen und zahm werden. Die Nähe zum Haus hat weitere Vorteile: Hier liegen meist Strom-, Wasser- und Abwasseranschlüsse. Für die sichere Überwinterung kann von der Hausheizung sogar ein Abzweig (Wärmetauscher) für den Teich eingebaut werden.

Der Traum eines jeden Koi-Liebhabers: Ein Koi-Teich, der direkt ans Haus grenzt. So kann man die Koi zu jeder Zeit und bei jedem Wetter bequem beobachten.

Die richtige Lage Koi mögen Sonne, müssen sich aber auch in den Schatten zurückziehen können. Gut geeignet ist deshalb ein halbschattiger Platz. Teiche in zu sonnigen Lagen haben oft mit erhöhten pH-Werten und starkem Algenwachstum zu kämpfen (→ Seite 36). Außerdem tritt durch die höhere UV-Strahlung der Sonne sogar bei Koi vermehrt »Sonnenbrand« auf. Und nicht zuletzt leidet die Farbqualität der Koi durch UV-Licht.

› Im Idealfall wird der Koi-Teich zum Teil von immergrünen Pflanzen oder Nadelbäumen beschattet. Vermeiden Sie Laubbäume, sonst müssen Sie den Teich im Herbst durch Netze vor Falllaub schützen. Fehlt ein solcher Standort, können Sie den Teich auch mithilfe von Segeltüchern beschatten.

› Auf einem ebenen Teil des Grundstücks lässt sich ein Koi-Teich am einfachsten anlegen. An Hanggrundstücken müssen Sie den Teich mit Stützmauern gegen ein Abrutschen sichern.

Die richtige Größe Für einen Koi-Teich brauchen Sie kein riesiges Grundstück: 10–30 m² reichen für einen 1,5 m tiefen Teich aus. Größer sollte der Koi-Teich nicht sein, damit Sie die Tiere für den Gesundheitscheck oder im Fall einer Verletzung relativ leicht mit dem Kescher herausnehmen können. Außerdem lässt sich über einem Teich dieser Größe gut eine Winterabdeckung anbringen (→ Seite 57). Die Wassertemperatur sollte im Winter nicht unter 4 °C liegen und im Sommer nicht über 30 °C ansteigen. Um diese Temperaturen garantieren zu können, muss der Teich mindestens 1,5 m tief sein. Bei dieser Tiefe heizt sich das Wasser im Sommer nicht zu sehr auf, und im Winter sinkt die Wassertemperatur in der tiefen Zone nicht unter 4 °C. So können die Koi problemlos im Teich überwintern.

Hier ist Zutrauen garantiert: Ein Koi-Teich an der Terrasse sorgt dafür, dass die Fische oft mit ihren Menschen in Kontakt kommen und mit deren Bewegungen vertraut werden. Schnell verlieren sie die Scheu.

Teichform und Kreisströmung Natürlich richtet sich die Teichform nach dem zur Verfügung stehenden Platz und nach dem Stil, in dem Sie Ihren Teich anlegen wollen. Sie ist aber auch entscheidend für den reibungslosen Ablauf der Teich- oder Kreisströmung (→ Abb. rechts) und damit für das Funktionieren des ganzen Teichs. Durch den Wasserzulauf und die richtige Lage des Ablaufs entsteht von selbst eine ruhige Kreisströmung, und alle Verunreinigungen werden automatisch zum Bodenablauf geleitet.

› Die einfachste Teichform ist ein mehr oder weniger rundes Becken mit einem Bodenablauf.

› Nierenförmige Becken sind am beliebtesten. Sie brauchen zwei Bodenabläufe für zwei Kreisströmungen. Jede weitere Ausbuchtung oder Verformung erfordert einen weiteren Bodenablauf und erhöht den Energiebedarf für die Wasserpumpe (→ Seite 35) ganz wesentlich. Auch muss man darauf achten, dass die Strömungen sich nicht gegeneinander aufwirbeln – diese Unruhe irritiert die Koi.

› Egal, für welche Form Sie sich entscheiden: Wichtig ist in jedem Fall, dass die Wände des Teichs steil sind. So kann sich kein Schlamm am Uferbereich ablagern und die Kreisströmung behindern.

Die Skizze zeigt die optimale Anordnung zweier Bodenabläufe. Daraus resultieren zwei gegenläufige Kreisströmungen im Koi-Teich.

Geeignete Materialien für den Teich

Welches Material Sie beim Teichbau verwenden, hängt von Ihren finanziellen Möglichkeiten, der Bauzeit sowie der Bodenbeschaffenheit ab.

Teichfolie – der Klassiker Teichfolie ist relativ preiswert und wird von Fachbetrieben in Bahnen zugeschnitten und vor Ort verschweißt. Wichtig: Unter der Folie muss die Teichgrube mit einem Schutzvlies und Nagegitter ausgelegt werden.

Betonierte oder gemauerte Teiche Solche Teiche sind teuer, aber sehr robust. Bei Hanggrundstücken sind sie zu bevorzugen. Sowohl mit Beton als auch mit Mauersteinen lassen sich steile Teichwände perfekt verwirklichen, und Einfassungen aus Felsen oder Steinplatten haben ein stabiles Fundament. Planen Sie eine Filterkammer mit allen Anschlüssen direkt neben dem Teichbecken ein. Wasserfester Beton braucht zusätzlich einen Anstrich aus Flüssigfolie, damit kein fischunverträglicher Zement oder Kalk ins Wasser gelangt. Vor dem Anstreichen müssen die Steine sauber und glatt verputzt werden.

Glasfaserverstärkter Kunststoff (GFK) Dieses Material hat einen großen Vorteil: Es ist hervorragend in alle denkbaren Teichformen modellierbar, sehr lange haltbar und kann schnell verarbeitet werden. Der oberste und letzte Anstrich (»Topcode«) ist in vielen Farbtönen erhältlich. Bevorzugen Sie dunkle Töne, die Farben der Koi wirken dann besser. Leider ist GFK das teuerste Material und muss von einem Fachmann verarbeitet werden.

Die perfekte Teichfilterung

Ein Koi-Teich funktioniert nur mit einer ausgereiften Filtertechnik. Denn das Wasser wird nicht nur durch Fischkot und Futterreste mit Schadstoffen belastet. Zwei Drittel der Ausscheidungen der Koi gelangen in flüssiger Form über die Kiemen in das Teichwasser. Es muss daher fortlaufend gereinigt werden, damit es klar und sauber bleibt.

› Richten Sie die Filteranlage am besten in Hausnähe ein. Die Anlage braucht einen Zulauf für Leitungswasser, einen Ablauf für Schmutzwasser sowie diverse Stromanschlüsse – diese Einrichtungen sind dort am häufigsten zu finden.

› Der Filterkreislauf selbst besteht aus einem mechanischen und biologischen Filtersystem, einer Wasserpumpe sowie einer Oberflächenabsaugung (Skimmer). Funktioniert das Zusammenspiel perfekt, entsteht eine ruhige Kreisströmung im Becken. Die Schmutzpartikel sammeln sich und sinken langsam zum Bodenablauf in der Mitte des Teichs. Die Wasserpumpe saugt sie über das Rohrsystem in den mechanischen Filter. Von dort gelangt das Wasser in den biologischen Teil der Filteranlage, in dem Bakterien Schadstoffe abbauen. Schließlich wird das gereinigte Wasser mithilfe der Wasserpumpe zurück in den Teich gefördert.

› Es empfiehlt sich, die Filteranlage so einzubauen, dass sie auf dem Niveau der Wasseroberfläche liegt. Man spricht von einem »Filter in getauchter Ausführung«. Die Pumpe steht am besten hinter den Filtermatten, sodass sie nur mit sauberem Wasser in Berührung kommt und nicht verstopft.

› Für eine ausreichende Wasserqualität muss der Filter so groß sein, dass ihn das gesamte Wasservolumen alle 1–2 Stunden passieren kann. Außerdem sollte er sehr zuverlässig sein und möglichst wartungsfrei arbeiten. Planen Sie den Filter lieber etwas zu groß – so können Sie später eventuell mehr Fische halten als zunächst geplant.

Aufbau des Koi-Teichs: 1 Bodenablauf, 2 Skimmer, 3 Bürstenfilter, 4 Belüftungssteine, 5 Mattenfilter, 6 Pumpe, 7 Rücklauf Teich, 8 Abfluss

Mechanische Filter

Mechanische Filter entfernen feste und grobe Partikel wie Futterreste, Fischkot, Laub sowie Schlamm aus dem Wasser. Sie werden immer in Kombination mit einem biologischen Filter eingesetzt. Der mechanische Filterteil schützt den biologischen Filter vor zu großer Verunreinigung. Mechanische Filter müssen von Zeit zu Zeit gereinigt werden. Man säubert sie mit einem Wasserschlauch oder Dampfstrahler. Folgende Typen von mechanischen Filtern kann ich Ihnen empfehlen:

Bürstenfilter Diese Filter haben sich bisher am besten bewährt. Sie bestehen im Wesentlichen aus Filterbürsten mit dichten, gedrehten Kunststofffasern. Besonders hervorzuheben ist ihre Fähigkeit, groben Schmutz zuverlässig zurückzuhalten. Außerdem verstopfen sie nur sehr selten und sind leicht zu reinigen. Bei Teichen mit hohem Fischbesatz ist dieser Filtertyp die erste Wahl. Eine Filterbürste ist 50–80 cm lang (je nach Filterkammer) und hat einen Durchmesser von 10–15 cm. Das Zentrum sollte aus gedrehtem Edelstahl gefertigt sein, es hält die dichten Kunststofffasern zusammen. Die Kammer für die Filterbürsten sollte einen Ablauf zum Abwasserkanal haben, damit der Schmutz einfach entsorgt werden kann.

Vortex Der sogenannte Vortex (»Zirkulations-Absetz-Kammer«) ist rund und verläuft nach unten konisch. Er funktioniert jedoch erst ab einem Durchmesser von 1,5 m. Bei kleineren Querschnitten erhöht sich die Fließgeschwindigkeit im Filter, und die groben Partikel können sich nicht mehr wie gewünscht am Grund absetzen.

Weniger zu empfehlen Bei Spaltfiltern, auch Bogensiebfilter genannt, wird mithilfe eines Siebs der grobe Schmutz vom Teichwasser getrennt. Nachteil: Der Filter muss oft gereinigt werden. Papierfilter sondern mit einem Papiervlies, das automatisch von austauschbaren Rollen abläuft, Schmutzpartikel vom Teichwasser ab. Nachteil: Sie sind sehr groß, die Anschaffungs- und Wartungskosten sind hoch, und das verschmutzte Vlies riecht zeitweise recht unangenehm.

Biologische Filter

In biologischen Filtern baut sich im Laufe von Wochen und Monaten auf einem relativ groben Filtermaterial ein sogenannter biologischer Rasen auf. Er

1 Ein über der Wasseroberfläche aufgestellter Spaltfilter: Mit einem Bogensieb werden grobe und feine Schmutzpartikel aus dem Wasser gefiltert.

2 Schwerkraftfilter laufen auf Wasserniveau: Filterbürsten entfernen den Schmutz, die biologische Reinigung erfolgt mit japanischen Filtermatten.

besteht aus verschiedenen Bakterienstämmen, die die im Wasser gelösten, schädlichen Stickstoffverbindungen abbauen. Diese stammen vom Fischkot und anderen organischen Abfällen, wie etwa Falllaub. Ein biologischer Filter muss fortlaufend von Teichwasser durchströmt und gut mit Sauerstoff versorgt werden, um den Stickstoffabbau durch die Bakterien zu gewährleisten. Um genügend Bakterien ansiedeln zu können, sollte die Oberfläche des Filtermediums möglichst groß sein. Es dauert – je nach Temperatur – einige Wochen, bis ein biologischer Filter effektiv arbeitet. Mit Filterstarterbakterien (Fachhandel) kann man die Funktion des Filters beschleunigen.

Biologische Filter sollten am besten auch über die Wintermonate in Betrieb bleiben. Während der kalten Jahreszeit kann sich die Bakteriendichte zwar verringern, und die Leistung sinkt dann etwas ab. Der Filter erreicht im Frühjahr, wenn der Nährstoffgehalt im Wasser ansteigt, aber sehr viel schneller wieder seine volle Funktion, wenn man ihn im Winter nicht abschaltet.

Bei biologischen Filtern entfällt praktisch jeglicher Reinigungsaufwand, vorausgesetzt, sie sind groß genug. Im Gegenteil: Solche Filter dürfen Sie nicht auswaschen, sonst schädigen Sie die Bakterien.

Mattenfilter Sie haben sich unter den biologischen Filtern am besten bewährt und bestehen aus grobem Mattengeflecht mit einer sehr großen Oberfläche, die den Lebensraum für die Bakterien darstellt. Auf dem Markt haben sich japanische Filtermatten durchgesetzt, sie werden von fast allen Züchtern und Koi-Liebhabern verwendet. Das Material ist unverwüstlich und bietet durch seine offene Struktur einen guten Durchfluss für das Wasser. Weil für die optimale Bakterientätigkeit eine reiche Sauerstoffversorgung nötig ist, sollten Sie den Mattenfilter immer mit einer Belüftungspumpe kombinieren. Von Mattenfiltern mit Schaumstoffmatten ist abzuraten. Sie werden viel zu schnell mit feinem Mulm zugesetzt und müssen laufend ausgewaschen werden, was die Bakterienstämme unnötig reduziert.

Weniger zu empfehlen Bei Rieselfiltern ist leider nicht für die Feinschmutzrückhaltung gesorgt. Sogenannte Beadfilter bestehen aus einem Topf mit Tausenden kleiner Kunststoffteilchen (»Beads«), auf denen sich die Bakterien ansiedeln. Ihr Nachteil: Diese Filter brauchen viel Strom, und es ist keine optimale Belüftung möglich.

Mein Tipp Ich empfehle eine Filteranlage aus einem Bürsten- und Mattenfilter. Die Leistung dieser Kombination ist optimal, und sie ist einfach zu warten.

Filtertypen im Vergleich

FILTER	VORTEILE	NACHTEILE
BÜRSTENFILTER (MECHANISCH)	gute Grobschmutzfilterung, leichte Reinigung, geringer Anschaffungspreis, sehr langlebig	keine Feinschmutzfilterung
VORTEX (MECHANISCH)	gute Wasserdurchströmung, guter Schmutzabsatz, leichte Reinigung	hoher Platzbedarf, zusätzliche Filterbürsten nötig
SPALTFILTER (MECHANISCH)	sehr gute Grob- und Feinschmutzfilterung, leichte Reinigung, solides System	kann verstopfen, kurze Reinigungsintervalle notwendig
PAPIERFILTER (MECHANISCH)	sehr gute Grob- und Feinschmutzfilterung, selbsttätige Reinigung	laut, sehr teuer, großer Platzbedarf, Geruchsbelästigung
MATTENFILTER (BIOLOGISCH)	sehr gute biologische Filterleistung, sehr langlebig, gute Belüftungsmöglichkeit, keine Reinigung nötig	keine
RIESELFILTER (BIOLOGISCH)	sehr gute biologische Filterleistung, automatische Belüftung	großer Platzbedarf, keine Feinschmutzfilterung
BEADFILTER (BIOLOGISCH)	leichte Reinigung, kann auf unterschiedlichem Wasserniveau angebracht werden	wenig biologische Filterleistung, hoher Energieaufwand

Das Herzstück: die Wasserpumpe

Keine Filteranlage funktioniert ohne Wasserpumpe. Sie sollte zuverlässig laufen, so leise wie möglich und energiesparend sein. Als Faustregel gilt: Um 10 m³ Wasser pro Stunde zu fördern, braucht eine Pumpe eine Leistung von 150–250 Watt. Man unterscheidet zwischen getauchten (unter Wasser stehenden) und trocken aufgestellten Pumpen.

› Ich empfehle Ihnen getauchte Pumpen. Da sie unter Wasser stehen, können sie im Sommer nicht überhitzen und im Winter nicht einfrieren. Außerdem arbeiten sie geräusch- und vibrationsarm und geben etwas Wärme ans Wasser ab.

› Trocken am Teich aufgestellte Pumpen sind relativ laut, überhitzen leicht und brauchen mehr Wartung.

› Wählen Sie eine Pumpe mit starker Leistung, denn lange Förderwege im Rohrsystem vermindern durch den Reibungswiderstand die Leistung. Verlassen Sie sich nicht nur auf die Angabe auf der Pumpe, sondern prüfen Sie das Leistungsdiagramm. Seine Kennlinie zeigt, welche Wassermenge bei angegebenen Förderhöhen noch gepumpt werden kann.

Mein Tipp Kaufen Sie besser zwei kleine Pumpen als eine große. So können Sie im Winter, wenn eine geringere Leistung nötig ist, eine Pumpe ausschalten. Und falls eine Pumpe ausfällt, kann die zweite Pumpe die Kreisströmung aufrechterhalten.

Die Oberflächenabsaugung

Ein Skimmer zur Oberflächenabsaugung ist im Teich unverzichtbar. An der Wasseroberfläche sammeln sich Blätter und andere Verunreinigungen – dies ist kein schöner Anblick, und das Teichwasser wird mit organischem Material belastet. Am besten eignen sich Schwerkraft-Skimmer. Hier wird der Schmutz mittels der Schwerkraft durch ein Rohr in den unter Wasser liegenden Filter transportiert, es ist keine weitere Pumpe nötig. Das Skimmerrohr sollte ca. 10 cm Durchmesser und immer ein leichtes Gefälle haben, damit es sich entlüften kann. Ein auf das Rohr aufsetzbarer Stutzen wird beim Füttern der Koi hochgezogen, sodass kein Futter abgesaugt wird. Berücksichtigen Sie beim Einbau des Skimmers die Windrichtung, und platzieren Sie ihn dort, wo sich der meiste Schmutz ansammelt.

Gute Sicht und Sauberkeit: Jeder Koi-Teich braucht für die Oberflächenabsaugung einen Skimmer.

Algen – die große Last

Ist das Wasser im Koi-Teich grün und trüb, oder schwimmen meterlange feine Stränge darin? Algen können Teichbesitzer zur Verzweiflung bringen. Abgesehen von dem unschönen Anblick können sie den Bodenablauf am Teichgrund verstopfen und zuletzt die Pumpe schachmatt setzen.

Die Ursachen für eine Algenblüte liegen meist in einem zu hohen Nährstoffgehalt des Teichwassers und zu starker Sonneneinstrahlung. Im Frühling, wenn die Sonne das Wasser erwärmt, ist die Algenblüte meist nur von kurzer Dauer. Denn sobald die Filterbakterien nach den Wintermonaten wieder zu Hochform auflaufen, sind die Algen rasch verschwunden. In einem Koi-Teich an einem vollsonnigen Standort kann die Belastung durch die Algen aber auch länger dauern. Eine Folge könnte sein, dass die Koi sich zurückziehen. Sie können kaum noch erkennen, was um ihr Becken herum geschieht, und werden scheu. Viel schlimmer wirken sich jedoch die durch die Algen hervorgerufene pH-Wert-Erhöhung und die extremen Schwankungen im Gashaushalt auf die Gesundheit der Koi aus. Sie können sogar Kiemennekrose und bakterielle Krankheiten hervorrufen.

Schnelle Abhilfe

Man unterscheidet grundsätzlich zwei Algenarten im Teich: die Grün- oder Schwebealgen und die Fadenalgen. Beide ernähren sich bevorzugt von Nitrat und Phosphat im Teichwasser. Bei sonnigem Wetter gedeihen sie besonders gut.

› Die erste und einfachste Maßnahme gegen Algenwachstum ist eine leichte Beschattung des Teichs. Langfristig kann dies durch eine Bepflanzung geschehen. Ist kurzfristige Hilfe nötig, installiert man ein großes Segeltuch als Schattenspender.

› Der Fachhandel bietet eine Reihe chemischer Mittel an. Gegen die Fadenalgen können solche Präparate ganz wirksam sein. Man muss jedoch auf eine sehr genaue Dosierung achten – eine zu große Menge kann den Koi erheblich schaden.

In klarem Wasser kommen Koi am besten zur Geltung. Man muss jedoch einiges an Vorsorge leisten, um lästigen Algen Einhalt zu gebieten.

Naturparadies für Mensch und Tier: In einem solchen Teich fühlen sich Ihre Koi wohl, und Sie können Tag für Tag Entspannung und Erholung finden.

Sicherheit rund um den Koi-Teich

ELEKTRIZITÄT Sichern Sie elektrische Geräte am Teich unbedingt über FI-Schutzschalter ab. Auch ein elektronisches Fehlstromüberwachungsgerät ist sinnvoll. Lassen Sie alle elektrischen Anschlüsse rund um den Koi-Teich von einem Fachmann in VDE-Norm installieren.

REPARATUREN Überlassen Sie das Reparieren von elektrischen Geräten immer dem Fachmann.

KABEL Verlegen Sie alle Kabel am Teich immer unterirdisch, sodass niemand stolpern oder ins Wasser fallen kann.

WINTER Ist Ihr Koi-Teich im Winter abgedeckt (→ Seite 57), müssen Sie ihn so sichern, dass er nicht zu betreten ist und niemand einbricht.

› Es sind auch biologische Präparate erhältlich. Sie haben aber oft nicht die gewünschte Wirkung – gegen die lästigen Fadenalgen ist einfach kein Kraut gewachsen!

UV-Lampen gegen Algen

Seit einigen Jahren haben sich Ultraviolett-Lampen gegen Algen sehr gut bewährt. Diese Geräte sind vor allem bei der Bekämpfung der mikroskopisch kleinen Grün- und Schwebealgen sehr erfolgreich. Das Ergebnis ist kristallklares Teichwasser. Gegen Fadenalgen wirken sie allerdings nicht. UV-Lampen sind in verschiedenen Leistungsstärken erhältlich. Damit alle Grünalgen durch die UV-Strahlung vernichtet werden, sollte das gesamte Teichwasser alle 1–2 Stunden durch das Gerät fließen. Um eine UV-Lampe mit ausreichender Leistung auszuwählen, sollten Sie mit ungefähr 1–2 Watt pro 1000 l Teichvolumen rechnen.

Achten Sie beim Kauf auf den Sicherheitsstandard: Die Lampen müssen so konstruiert sein, dass man niemals mit ungeschützten Augen in das Licht schauen kann. Wählen Sie deshalb am besten ein geschlossenes System. Durch solche UV-Lampen wird das Teichwasser durchgepumpt. Bedenken Sie auch, dass UV-Röhren nur eine begrenzte Brenndauer haben und möglichst jedes Frühjahr erneuert werden sollten.

Bei Schwerkraft-Filteranlagen baut man die UV-Lampe am besten nach dem Filter ein. So kann das Teichwasser von der Wasserpumpe durch das UV-Gerät gedrückt werden. Bei Filteranlagen, die oberirdisch aufgestellt sind, installiert man die UV-Lampe vor dem Filter.

Um einem Irrtum vorzubeugen: Ultraviolett-Lampen sind kein Ersatz für eine gute Filteranlage! Sie beseitigen nur die Algen, keine Schadstoffe.

Gestaltung des Koi-Teichs

Sind alle Fragen der Technik geklärt, dürfen Sie sich endlich der ästhetischen Gestaltung Ihres Koi-Teichs widmen. Wenn Sie dabei noch etwas Unterstützung brauchen: Auf Outdoor-Gartenmessen finden Sie viele gestalterische Objekte und reichlich Anregungen für Koi-Teiche in den unterschiedlichsten Stilrichtungen – von asiatisch bis naturnah. Ob Sie nun Objekte aus Stein, verschiedenen Holzarten oder edlem Metall bevorzugen – die Möglichkeiten sind fast unbegrenzt.

Bevor Sie sich für den Kauf entscheiden, sollten Sie sich jedoch gründlich über die Eigenschaften der verschiedenen Materialien informieren. Schließlich haben Sonne, Regen und vor allem Frost einen großen Einfluss auf deren Haltbarkeit, und schöne Objekte haben ihren Preis!

Japanisch anmutende Pflanzen und Objekte sind nicht nur ein ästhetischer Genuss, sondern spenden den Koi auch den notwendigen Schatten.

Edles Metall

Alle Metalle lassen sich wunderbar formen und sind deshalb für vielseitige gestalterische Highlights rund um den Koi-Teich geeignet. Aus ihnen lassen sich Brücken, Geländer, Einfassungen, Einzäunungen, Filterabdeckungen und nicht zuletzt reizvolle Skulpturen herstellen. Es gibt jedoch einige Einschränkungen, die Sie beachten sollten: Wählen Sie nur Metall, das nicht rostet. Allerdings dürfen Sie bestimmte rostfreie Metalle wie verzinktes Eisen oder Kupfer nur weit außerhalb des Koi-Teichs verwenden, da es sehr fischgiftig ist. Leiten Sie auch nie Regenwasser aus Kupferrinnen in den Teich, die Koi reagieren darauf mit Vergiftungen. Perfekt geeignet für die Verwendung am und im Teich ist Edelstahl. Es ist zwar meist das teuerste Metall, aber im Außenbereich unschlagbar.

Schönes aus Stein

Objekte aus Stein und vor allem natürliche Felsen wirken in einer Gartenlandschaft besonders beeindruckend. Es gibt unendlich viele Varianten, sie am Koi-Teich einzusetzen. Besonders beliebt sind Quellsteine am Teichrand. Ihr sanftes Plätschern wirkt sehr entspannend. Außerdem reichern sie das Wasser im Teich mit Sauerstoff an.

Beachten Sie jedoch, dass Natursteine manchmal porös und deshalb nicht frostbeständig sind. Kalksteine sind deshalb nur bedingt, Sandsteine gar nicht als Teicheinfassung geeignet. Granit dagegen ist sehr hart und deshalb auch beständig. Auch kleine Steine (Kies) machen große Wirkung, sind aber schwer sauber zu halten. Verlegen Sie deshalb unter Kiesflächen am Teich immer ein Vlies; es

Schmuckstücke wie dieser Koi-Teich lassen sich nicht immer verwirklichen, doch das eine oder andere Gestaltungselement findet auch in kleinen Gärten Platz. Wichtig: Anlagen mit mächtigen Felsen benötigen ein stabiles Fundament. Sie müssen vom Fachmann geplant und ausgeführt werden.

unterdrückt Unkraut und verhindert, dass Erde nach oben geschwemmt wird.

Mein Tipp Achten Sie darauf, dass Steine und Felsen, die zur Teichrandgestaltung verwendet werden, runde Formen haben – an kantigen Steinen können sich Ihre Koi verletzen.

Lebendiges Holz

Aus diesem Naturstoff lassen sich vor allem Brücken oder Filterabdeckungen gestalten. Elemente aus Holz strahlen Wärme und Geborgenheit aus und fühlen sich bei direktem Kontakt wunderbar warm an. Bedenken Sie aber, dass sich nur wenige Holzarten für die Verwendung im Freien und am Wasser eignen: Dazu gehören Hartholzarten wie Eiche, Lärche oder Teak (aus Plantagen). Sie trotzen jeder Witterung und sind sehr lange haltbar.

Wichtig Verzichten Sie auf Teicheinfassungen aus Eisenbahnschwellen. Sie sind mit sehr fischgiftigen Imprägnierungsmitteln behandelt!

Pflanzen in und am Koi-Teich

Ein Koi-Teich ist ohne Bepflanzung nicht denkbar. Bei der Auswahl der Pflanzen und der Gestaltung ist jedoch Fingerspitzengefühl gefragt: Hier ist weniger oft mehr. Schließlich beeindrucken uns in allererster Linie die Koi mit ihrer Farbenpracht und ihren Mustern. Die Pflanzen am Teich sollen ihnen nicht die Show stehlen, sondern eine Kulisse sein und den Auftritt der Koi unterstreichen.

Achten Sie bei der Pflanzenauswahl auch auf den Stil von Haus und Garten. Die Pflanzen sollten mit beiden harmonieren. Zum Pflanzeneinkaufsbummel fahren Sie dann am besten in eine Fachgärtnerei. Vergessen Sie dabei jedoch auf keinen Fall, eine Skizze Ihres Gartens und Ihres Koi-Teichs mitzunehmen.

Bepflanzung im Wasser

Auf eine reiche Bepflanzung im Koi-Teich selbst müssen Sie leider verzichten. Denn Koi tun nichts lieber, als die Pflanzen im Teich zu fressen. Kommt für Sie ein Teich ohne Wasserpflanzen jedoch nicht infrage, so wählen Sie bevorzugt Arten mit großen Blättern wie Teich- oder Seerosen. Weil der Koi-Teich für diese Pflanzen jedoch zu tief ist, setzt man die Seerosen in Körbe und stellt sie beispielsweise auf Ziegelsteine in den Teich. Schwere Steine auf dem Wurzelballen sorgen für sicheren Stand. Auch Binsengewächse am Teichrand halten Koi-Mäulern stand. Zu ihrem Schutz pflanzt man sie ebenfalls besser in Töpfe.

Grundsätzlich sollten Sie die Zahl der Pflanzen im Teich aber so gering wie möglich halten. Denn zu viele Pflanzen können die Kreisströmung stören (→ Seite 31). Verzichten Sie auch auf Pflanzen mit scharfen Blättern. Die Koi können sich verletzen, wenn sie durch solche Pflanzen schwimmen.

Alternative Wünschen Sie mehr Wasserpflanzen, empfiehlt es sich, den Teich in einen flacheren Bereich für die Pflanzen und einen tiefen Bereich für die Koi zu teilen. Beide Bereiche werden durch ein Gitter oder Netz sorgfältig abgetrennt.

Dreifach gut: Seerosen bestechen durch ihre Schönheit, sorgen für Schatten im Teich und sind bei den Koi als Versteck willkommen.

Koi-Teich nach dem Vorbild japanischer Garten-künstler: Die wuchtige Steineinfassung und der stilechte »Groß-Bonsai« machen Eindruck.

Koi-Teiche können auch natürlich gestaltet sein. Die Bepflanzung aber immer am Teichrand und nicht im Becken platzieren – so ist sie vor Koi-Mäulern sicher.

Wichtig Pflanzen ersetzen die Belüftung nicht! Zwar geben sie am Tag Sauerstoff an das Teichwas-ser ab, aber in der Nacht verbrauchen sie selbst Sauerstoff, sodass die Koi in den Morgenstunden unter Mangel leiden können (→ Seite 28). Verwen-den Sie auch keine Pflanzenerde oder Dünger, dies führt zu einem überhöhten Nährstoffgehalt im Teich. Die Wasserpflanzen sollen ihre Nährstoffe ausschließlich aus dem Teichwasser entnehmen.

Bepflanzung am Ufer

Die Auswahl an Pflanzen für das Ufer ist deutlich größer. Setzen Sie sie am besten zwischen Fels- und Steineinfassungen, das wirkt natürlicher. Einige Zweige oder Halme dürfen ruhig über die Wasser-oberfläche hängen: Koi zupfen gern an den Ufer-pflanzen und vertreiben sich so die Langeweile.

› Zur Beschattung des Koi-Teichs haben sich höhe-re immergrüne Pflanzen wie Bambus bewährt. Die-se herrlichen, schnellwüchsigen Pflanzen gibt es in vielen Arten und Sorten sowie in verschiedenen

Höhen. Bambus braucht jedoch unbedingt eine Rhizomsperre (mindestens 50 cm tief) im Erdreich, da er extrem stark wuchert.

› Für Liebhaber asiatischer Gärten bieten sich vor allem in Form geschnittener Buchs und Garten-Bonsai an. Am besten wirken sie in Kombination mit Kiesflächen und Solitärfelsen.

› Für schattige und halbschattige Zonen am Teich-ufer eignen sich in erster Linie Farne, Rhododendron und Azaleen gut.

› Japanischer Ahorn ist durch seine attraktive Herbstfärbung ein echter Hingucker.

› Liegt Ihr Garten an einer belebten Straße, kann es sinnvoll sein, den Lärm mit einer immergrünen Eibenhecke vom Koi-Teich abzuhalten.

Mein Tipp Legen Sie Rasenflächen so weit ent-fernt vom Teich wie möglich an. Das spart Arbeit: Der Rasenschnitt würde sonst beim Mähen auf die Wasserfläche geschleudert und könnte die Teich-pumpe verstopfen. Sie müssten das Schnittgut dann mühsam aus dem Teich entfernen.

Koi und andere Teichbewohner

Koi sind friedfertige, aber auch sensible Fische. Sie lieben Ruhe und ziehen meist in gemächlichen Bahnen durch den Teich. Trotzdem dulden sie durchaus andere Fische in Ihrer Umgebung. Folgende Arten kann ich Ihnen als Koi-Gefährten empfehlen:
› Goldfische sind in ihrem Wesen den Koi sehr ähnlich. Sie gründeln nach Fressbarem, schnappen die eine oder andere Fliege von der Wasseroberfläche und schwimmen geruhsam ihres Wegs. Sie

harmonieren also mit den Koi. Es gibt jedoch einen Unterschied: Goldfische werden nicht so leicht handzahm, und es kann sein, dass die Koi, wenn sie zusammen mit Goldfischen im Teich leben, ebenfalls zurückhaltend bleiben. Außerem lieben es die Koi, manchmal an den langen Schwanzflossen von Schleierschwänzen (Goldfischvariante) zu ziehen.
› Goldorfen sind flinke Schwimmer, und genauso rasch nehmen sie ihr Futter auf. Durch dieses hektische Fressverhalten fühlen sich die Koi gestört und halten sich beim Fressen zurück. Bleiben Sie bei der Fütterung dabei, bis auch die Koi ihren Anteil gefressen haben, damit sie nicht im Lauf der Zeit Gewicht verlieren. Ein weiterer Nachteil: Hält man Koi mit Goldorfen, werden die Koi kaum zahm.
› Sonnenbarsche sind Raubfische, also keine Futterkonkurrenten für die Koi. Sie nehmen lieber das, was sie auf dem Teichgrund finden. Größere Koi sind durch sie nicht gefährdet. Sonnenbarsche fressen jedoch den Laich der Koi. Aus diesem Grund werden sie manchmal aber bewusst im Koi-Teich gehalten, um die riesigen Mengen an Laich und Jungfischen zu dezimieren. Setzen Sie aber immer nur gleichgeschlechtliche oder einzelne Sonnenbarsche in den Koi-Teich, damit sie sich nicht ungezügelt vermehren.
Von der Haltung folgender Tiere in Koi-Teichen kann ich Ihnen nur abraten:
› Wasserschildkröten sind für das Zusammenleben mit Koi nicht geeignet. Sie sind Fleischfresser und

Schreck in der Morgenstunde: Ein schöner, aber ungeliebter Gast am Koi-Teich ist der Graureiher.

machen auch vor einem Koi keinen Halt. Die Kiefer der Schildkröten sind so kräftig, dass sie ganze Stücke aus den Koi-Flossen beißen können. Diese Wunden heilen schlecht und verpilzen leicht.

› Kröten und Frösche nehmen einen Koi-Teich im Frühjahr gerne zum Ablaichen an. Dies kann für die Amphibien tödlich enden, wenn die Teichwände steil gestaltet sind und sie nicht mehr herausklettern können. Und für einen Koi kann ein liebestolles Krötenmännchen zum Verhängnis werden, wenn dieses seinen Kopf mit einem Weibchen verwechselt. Beim Paarungsversuch können die Krötenbeine die Augen des Koi so verletzen, dass er erblindet. Umgekehrt werden Froschlaich und Jungfrösche von den Koi gern gefressen.

Koi-Feinde

Zu den Feinden der Koi zählen Graureiher, aber auch Katzen, Iltis und selbst manche Hunde können ihnen gefährlich werden.

› Graureiher können pro Tag bis zu 1,5 kg Fisch vertilgen. Sie verharren meist im seichten Wasser stehend, lauern auf die Beute und schlagen dann blitzschnell zu. Selbst wenn Reiher einen Koi nicht fressen, können sie ihn beim Fangversuch so verletzen, dass er an seinen Wunden eingeht.

› Umherschwimmende Koi passen perfekt ins Beuteschema von Katzen und bringen diese in Jagdstimmung. Auch wenn sie dabei nur ihren Spieltrieb abreagieren, können sie mit ihren Krallen die Koi gefährlich verletzen.

› Hunde mögen das Fleisch von Karpfen eher nicht, aber auch sie schnappen gerne nach einem unvorsichtigen Koi oder tapsen mit der Pfote ins Wasser.

› Nachts können Iltisse zur Gefahr für ruhende Koi werden. In Ufernähe können die geschickten Räuber durchaus einen Koi erlegen.

Koi-Feinde **vom Teich fernhalten**

TIPPS VOM
KOI-EXPERTEN
Richard Hilble

STEILE UFER Sorgen Sie beim Bau dafür, dass die Teichwände steil sind. Dadurch und durch einen etwas tiefer liegenden Wasserspiegel können Graureiher – aber auch Nachbars Katze – sich nicht mehr mit Schnabel oder Pfoten an den Koi vergreifen. Verzichten Sie auch auf flache Pflanzenzonen am Teichrand. Sie erleichtern tierischen Besuchern den Zugang zum Teich. Trittsteine im Wasser haben denselben Effekt.

EINZÄUNUNG Nicht schön, aber wirkungsvoll: Umspannen Sie den Teich mit zwei bis drei Reihen feiner Angelschnur oder Drähte im Höhenabstand von je 20 cm. Dieser Zaun hält Graureiher & Co. garantiert fern.

VOGELSCHEUCHE Es gibt viele Geräte, die Krach machen oder Wasser spritzen. Doch Reiher sind schlau und meist ist der Hunger größer als die Angst: Die Vögel gewöhnen sich innerhalb von ein paar Tagen an die Vogelscheuchen.

WACHSAM SEIN Vertreiben Sie Wildenten vom Koi-Teich. Sie schleppen oft Parasiten in ihrem Gefieder mit und übertragen diese auf die Koi.

Koi im Natur- und Schwimmteich

Vielleicht besitzen Sie bereits einen Naturteich und möchten darin Koi einsetzen, ohne den Teich umzugestalten. Oder Sie wünschen sich einen Teich, in dem Sie Koi halten und schwimmen können. In beiden Fällen müssen Sie bedenken, dass sich ein Koi-Teich grundlegend von den anderen Teichvarianten unterscheidet.

› Weder Natur- noch Schwimmteiche besitzen normalerweise eine Filteranlage. Da das Futter der Koi sowie die Ausscheidungen der Tiere jedoch für das Teichwasser eine besondere Belastung darstellen,

reichen die Selbstreinigungskräfte des Teichs meist nicht aus, und das Wasser kann umkippen.

› Koi gründeln leidenschaftlich gern am Teichrand und im Teichgrund – auch dies wirkt sich negativ auf das empfindliche biologische Gleichgewicht eines Naturteichs aus. In einem Schwimmteich müssen Sie sich außerdem damit abfinden, dass durch den von den Koi aufgewirbelten Teichschlamm Ihr Badewasser trüb wird. Außerdem können Sie die Koi im trüben Wasser weniger gut beobachten als in einem Koi-Teich.

Spaß garantiert: Wer mit seinen Koi auf Tuchfühlung gehen möchte, kann dies am besten in einem kombinierten Natur- und Schwimmteich.

› Ob Natur- oder Schwimmteich: Beide müssen tief genug sein, damit Ihre Koi dort überwintern können. Außerdem braucht ein Koi-Teich im Winter eine Abdeckung (→ Seite 57) – diese ist bei großen Schwimmteichen kaum zu verwirklichen.
› Naturteiche mit den üblichen Flachzonen sind eine Gefahr für die Koi, da sie dort besonders leicht Graureihern oder Katzen zum Opfer fallen.

So wird Ihr Teich koigerecht

Wollen Sie trotzdem Koi in Ihrem Naturteich halten, sollten Sie folgende Punkte berücksichtigen.
› Voraussetzung für den Besatz mit Koi ist, dass der Teich mindestens 20 m² groß und 1,5 m tief ist.
› Eine zusätzliche Belüftung durch einen Sprudelstein oder Bachlauf ist unumgänglich.
› Setzen Sie nur wenige Koi in den Teich, ein bis zwei Tiere pro 10 m³ ist die Obergrenze.
› Wachsen viele Wasserpflanzen im Teich, sollten Sie einen großen Teil der Bepflanzung entfernen, damit die Koi ungehindert schwimmen können.
› Reduzieren Sie die Fütterung auf das Nötigste. Zum einen finden Koi in einem Schwimm- oder Naturteich genug Nahrung, zum anderen reduziert dies die Belastung des Wassers durch Futterreste.
› Einen Naturteich können Sie zwar mit einer Filteranlage nachrüsten. Doch meist ist sie mit dem vorhandenen Teichschlamm, den ins Wasser fal-

lenden Blättern und den häufig vorkommenden Schnecken restlos überfordert.
› Das Wasser von Schwimmteichen wird meist mithilfe eines bepflanzten Regenerationsbereichs gereinigt: Die Pflanzenwurzeln nehmen Nährstoffe aus dem Wasser auf und halten es klar und sauber. Doch dieses Prinzip funktioniert nur, wenn möglichst wenig Fischfutter und Fischkot ins Wasser gelangen, sonst sind die Pflanzen überlastet, und die Nährstoffe regen das Algenwachstum an.
› Für den Schwimmteich gilt: Sorgen Sie dafür, dass die Tiere nicht allzu lange durch Schwimmer und Kinder, die im Wasser herumtollen, gestört werden. Denn so zahm Koi auch werden – letztlich möchten sie im Teich doch ihre Ruhe.

Diese prächtigen Koi fühlen sich wohl und warten neugierig darauf, was der Mensch am Teichrand als Nächstes tut.

Fit und gesund

Mit dem richtigen Know-how werden Sie bei der Pflege Ihrer Koi bald Routine haben: Geben Sie ein ausgewogenes Spezialfutter, prüfen Sie regelmäßig die Wasserwerte, und achten Sie darauf, ob sich Ihre Koi gesund und munter verhalten. So können Sie rasch eingreifen, falls es wirklich einmal Probleme geben sollte.

Das hält Koi in Form: Bewegung und gutes Futter

Wenn der Teich gut geplant ist, die Filteranlage funktioniert und das Wasser klar ist, nimmt die tägliche Pflege der Koi nur wenig Zeit in Anspruch. Ob Koi eine perfekte Körperform entwickeln und ihre Farben satt und brillant werden, hängt vor allem von drei Faktoren ab: der richtigen Fütterung, optimalen Wasserwerten (→ Seite 52) sowie ausreichend Bewegung.

Fitnesstraining für Koi

Regelmäßige Bewegung ist der beste Garant dafür, dass Koi kein Fett ansetzen.

› Dank der leichten Kreisströmung im Teich (→ Seite 31) müssen die Koi immer wieder auch gegen den Strom schwimmen. Durch dieses tägliche Muskeltraining bekommen sie nicht nur eine wunderschöne lang gestreckte Körperform, sondern bilden auch keinen dicken Nacken aus.

› Eine zu stark drehende Kreisströmung, vor allem in der kalten Jahreszeit, ist allerdings nicht zu empfehlen. Der Energieaufwand der Koi übersteigt dann die ihnen zur Verfügung stehenden Fettreserven, und sie magern schnell ab.

› Koi sind von Natur aus keine Bewegungsmuffel: Sicher werden Sie immer wieder beobachten, dass die Tiere sich gern im Bereich des Wassereinlaufs aufhalten, sich von der Strömung wegtragen lassen und dann wieder dagegen anschwimmen. Dieses Verhalten haben Koi von den in Flüssen lebenden Wildkarpfen geerbt.

Wichtige Regeln für die Fütterung

Koi sind wie alle Fische wechselwarme Tiere. Ihre Stoffwechselrate ist abhängig von der Wassertemperatur, und in der Folge verändert sich auch ihr Appetit. Sowohl die Art des Futters als auch die

Futtermenge müssen deshalb im Jahreslauf auf den wechselnden Futterbedarf der Tiere genau abgestimmt werden.

Generell gilt: Füttern Sie lieber dreimal täglich kleine Portionen als einmal eine große. Weil Koi keinen Magen haben, können sie keine großen Mengen auf einmal zu sich nehmen. Geben Sie jeweils nur so viel Futter, wie in ca. fünf Minuten aufgefressen wird. So ist zugleich sichergestellt, dass kein übrig gelassenes Futter im Wasser aufquillt und den Filter belastet.

Frühjahr Solange es noch kühl ist, läuft der Stoffwechsel der Koi auf »Sparflamme«. Auch ihre Verdauung funktioniert jetzt nur langsam. Sobald die Temperaturen aber ansteigen, schwimmen sie neugierig an die Wasseroberfläche und zupfen hin und

wieder auch einmal an Pflanzenteilen, die ins Wasser hängen. Jetzt ist der richtige Moment, um mit der Fütterung zu beginnen: Geben Sie den Tieren zunächst jedoch nur vereinzelte Körnchen eines leichten Koi-Futters.

Sommer Steigt die Wassertemperatur, bekommen die Koi immer mehr Hunger. Am gewaltigsten ist ihr Appetit in den Monaten Juni bis August und bei Wassertemperaturen zwischen 22 und 26 °C. Jetzt können die Koi bis zu fünf Mahlzeiten am Tag aufnehmen. Das liegt ganz einfach daran, dass nun ihre Stoffwechselrate sehr hoch ist. Sie können den Tieren fast beim Wachsen zusehen. Und da sich alle Koi-Liebhaber große, farbenprächtige Tiere wünschen, sollte man es nicht versäumen, den Koi ab einer Wassertemperatur von 18 °C ausreichende

Koi-Fütterung rund ums Jahr

ENDE MÄRZ BIS ANFANG APRIL	ab 8 °C: träger Stoffwechsel, mäßige Verdauungstätigkeit; nur alle zwei bis drei Tage Sinkfutter geben		zwei Drittel Sommerfutter gemischt drei- bis fünfmal täglich; Seidenraupenpuppen, Snacks
MITTE APRIL BIS ANFANG MAI	ab 10 °C: leicht ansteigender Stoffwechsel, bessere Verdauung; leichtes Ganzjahresfutter einmal täglich	SEPTEMBER	unter 18 °C: Stoffwechsel stabil, gute Verdauung; Ganzjahresfutter, zwei- bis dreimal täglich
ENDE MAI BIS MITTE JUNI	ab 15 °C: stabiler Stoffwechsel, gute Verdauung; leichtes Ganzjahresfutter zwei- bis dreimal täglich	OKTOBER	unter 15 °C: geringer Stoffwechsel, mäßige Verdauung; Ganzjahresfutter ein- bis zweimal täglich
MITTE JUNI BIS ANFANG JULI	ab 18 °C: reger Stoffwechsel, guter Appetit; zwei Drittel Ganzjahresfutter mit einem Drittel Sommerfutter gemischt dreimal täglich	ENDE OKTOBER BIS ANFANG NOVEMBER	unter 10 °C: schlechter Stoffwechsel, geringe Verdauung; alle zwei bis drei Tage Sinkfutter
MITTE JULI BIS ENDE AUGUST	über 18 °C: starker Stoffwechsel, gute Verdauung, großer Appetit; ein Drittel Ganzjahresfutter mit	NOVEMBER BIS ENDE MÄRZ	unter 8 °C: kaum Stoffwechsel- und Verdauung; Winterruhe, nicht mehr füttern

Mengen eines geeigneten Sommerfutters zu geben (→ Seite 50).

Herbst Wenn es wieder kühler wird, kann man die Futtermengen etwas reduzieren, die Koi sind nun nicht mehr so aktiv.

Spätherbst Während einer kurzen Überbrückungszeit im Spätherbst, wenn die Wassertemperatur zwischen 7 und 10 °C liegt, kann man den Koi alle zwei bis drei Tage einen kleinen »Snack« in Form von sinkendem, leicht verdaulichem Futter geben. Es bereitet die Tiere auf die winterliche Fastenzeit vor. Auf den Grund absinkendes Futter wählt man deshalb, damit die Fische keine Energie mehr aufwenden müssen, um an die Teichoberfläche zu schwimmen. Geben Sie Ihren Koi dieses sogenannte Sinkfutter aber nicht zu anderen Jahreszeiten: Die Koi gewöhnen sich sonst daran, Futter nur noch vom Grund aufzusammeln, und Sie bekommen Ihre Koi kaum noch an der Teichoberfläche zu Gesicht.

Winter Liegt die Wassertemperatur unter 7 °C, sollte grundsätzlich nicht mehr gefüttert werden. Die Koi sollen jetzt von ihren Fettreserven zehren.

Mein Tipp Bringen Sie ein spezielles Teichthermometer (Fachhandel) am Koi-Teich an. Die Temperatur verrät viel über den Appetit und den Futterbedarf der Koi.

Futter und Wasserwerte

Behalten Sie rund ums Jahr alle Wasserwerte (→ Seite 52) im Auge: Auch sie haben einen Einfluss auf die notwendige Futtermenge. Vor allem im Sommer sollten Sie deshalb mindestens einmal pro Woche den pH-Wert und den Nitrit-Gehalt des Teichwassers kontrollieren. Bei einem pH-Wert über 8,5 sollten Sie unbedingt die Futtermenge reduzieren oder die Fütterung für einige Tage sogar ganz einstellen, bis sich die Werte normalisiert haben.

Zahme Koi fressen einem vertrauten Menschen ohne Scheu aus der Hand. Besondere Leckereien sind natürlich immer willkommen.

Hochwertiges Futter

Das beste Futter ist gerade gut genug für Ihre Koi – schließlich sind sie die »Könige im Gartenteich«. Achten Sie beim Kauf deshalb auf die Zusammensetzung des Futters und prüfen Sie, ob es alle für die Koi wichtigen Nährstoffe enthält.

In der Natur fressen Karpfen überwiegend Plankton, Insekten, Larven, kleine Schnecken und Würmchen – eine sehr eiweißreiche Nahrung. Koi-Futter sollte deshalb reichlich Proteine enthalten. Weil die Zutaten und die Herstellung eines solchen Futters teuer sind, haben hochwertige Produkte ihren Preis. Sowohl in Japan als auch in Europa sind heute hervorragende Futtermittel im Handel.

› Hochwertiges Koi-Futter setzt sich überwiegend aus folgenden Inhaltsstoffen zusammen: Weizenmehl, Maismehl, weißes Fischmehl, Sojabohnenmehl, Weizenkeime und Trockenhefe.

› Darüber hinaus sollte es die Vitamine A, C, D_3, E, K_3, B_1, B_2, B_6 und B_{12} enthalten.

› Auch die Mineralien Phosphor, Kalzium, Magnesium, Mangan, Kupfer, Eisen, Jod, Zink, Kobalt und Aluminium dürfen nicht fehlen.

› Gutes Koi-Futter sollte von fester Struktur sein, damit es das Wasser und den Filter nicht belastet.

› Koi-Futter wird meist in Form von Pellets angeboten. Farbe, Form und Gewicht der Pellets sind unerheblich, sie sagen nichts über die Qualität des Futters aus. Am besten wählt man die Pelletgröße entsprechend der Größe der Koi. Im Zweifelsfall nehmen Sie lieber etwas kleinere Pellets.

Der Fachhandel bietet außerdem Spezialfutter für die verschiedenen Jahreszeiten an, das sich vor allem durch seinen Proteingehalt unterscheidet.

Ganzjahresfutter Es enthält 30 % Rohprotein, ist leicht verdaulich und kann vor allem bei niedrigen Wassertemperaturen gegeben werden.

Sommerfutter Ab einer Teichtemperatur von 18 °C empfiehlt sich ein spezielles Sommerfutter, das 35–38 % Rohprotein enthält. Dieses Futter sollte auch die Entwicklung der Farben Ihrer Koi fördern. Preisgünstige Sommerfutter beinhalten zu diesem Zweck als Zusatzstoff einfache Karotinoide. Werden solche Produkte öfter gefüttert, kann es passieren, dass die weißen Farbflächen der Koi »vergilben«. Hochwertigere Produkte sind dagegen mit der farbverstärkenden Meeresalge Spirulina und Shrimpsmehl angereichert. Sie sorgen dafür, dass die Farben der Koi eine exzellente Leuchtkraft und hohe Intensität entwickeln – speziell die Rottöne. Besonders groß werden Koi bei Teichtemperaturen von ca. 20 °C durch die regelmäßige Gabe von Seidenraupenpuppen (Fachhandel).

Wichtig In Naturteichen und anderen ungefilterten Teichen ist auf sehr nährstoffreiches Sommerfutter zu verzichten – es belastet das Wasser zu stark.

Für zwischendurch Zum Verwöhnen dürfen Sie Ihren Koi ab und zu Mehlwürmer, Regenwürmer, Salatblätter, Haferflocken, gekochten Reis und gelegentlich eine Scheibe Brot füttern. Besonders beliebt ist ein »Seidenraupenpuppen-Snack«. Aber denken Sie daran: Diese Leckerbissen dürfen nie das Koi-Hauptfutter ersetzen.

Koi-Versorgung im Urlaub

Wenn Sie Ihre Koi kurz vor der Abreise füttern, können Sie die Tiere zwar bis zu vier Tage alleine lassen, die Technik sollte jedoch schon nach zwei bis drei Tagen überprüft werden. Bei einem längeren Urlaub sollten Sie eine Vertretung organisieren, die Belüftung, Filter und Wasserwerte regelmäßig kontrolliert und die Koi nach Ihren Angaben füttert.

Ordnung im Teich: Ein Futterring zentriert lose herumschwimmendes Futter und hält die fressenden Koi zusammen.

Das bekommt Ihrem Koi

Die fachgerechte Fütterung ist ein ganz wesentlicher Faktor dafür, dass Ihre Koi fit bleiben und intensive Farben entwickeln. Wählen Sie deshalb nur hochwertiges Futter – die Investition zahlt sich aus.

Tut gut

+ Füttern Sie nur so viel, wie die Koi in fünf Minuten fressen. Verabreichen Sie besser mehrmals täglich kleine Mengen als einmal eine große Portion.

+ Verfüttern Sie möglichst nur Schwimmfutter. So können Sie kontrollieren, wie schnell die Koi fressen und ob alle Fische gefressen haben.

+ Damit das Futter nicht über den Skimmer abgesaugt wird, sollte dieser hochgezogen werden können. Auch ein Futterring leistet gute Dienste.

+ Haben Sie ein gutes, hochwertiges Futter gefunden, das Ihren Koi bekommt, sollten Sie bei diesem Produkt bleiben.

Besser nicht

− Füttern Sie Ihre Koi nie vor, während oder direkt nach der Vergabe von Medikamenten, sondern erst wieder am nächsten Tag.

− Nach dem Transport oder dem Umsetzen der Koi dürfen Sie die Tiere nur ganz wenig füttern.

− Altes, feuchtes oder schimmliges Futter hat in einem Koi-Teich nichts zu suchen. Auch Essensreste oder Küchenabfälle sind kein geeignetes Koi-Futter.

− Geben Sie nicht rund ums Jahr die gleiche Futterart und -menge, sondern passen Sie die Fütterung sorgfältig an die Bedürfnisse der Koi an.

Wasserwerte richtig verstehen

Die Wasserwerte geben wichtige Informationen darüber, ob die Qualität des Wassers den Bedürfnissen der Koi entspricht. Man kontrolliert sie mit speziellen Messgeräten oder Mess-Sets (Fachhandel).

pH-Wert Er sagt aus, ob das Wasser alkalisch oder sauer ist. Ein neutraler Wert von pH 7 bekommt den Koi am besten. Werte über pH 7 bezeichnet man als alkalisch, solche unter pH 7 als sauer. Der pH-Wert kann im Tagesverlauf – durch die Fotosynthese der Pflanzen, bei der sie Kohlendioxid verbrauchen – variieren. Auf leichte Schwankungen von pH 6,5 bis pH 8 können sich Koi einstellen. Der pH-Wert nimmt eine Schlüsselrolle unter den Wasserwerten ein, weil von ihm andere chemische Prozesse im Wasser abhängen.

Ammonium-Gehalt Ammonium ist eine organische Stickstoffverbindung, die aus Futterresten, Harnstoff oder Fischkot entsteht. Diese Ausscheidungen werden von den Filterbakterien zu Ammonium, Nitrit und Nitrat abgebaut. Ammonium gilt zwar als ungiftig, wenn der pH-Wert des Wassers jedoch über 8 steigt, verwandelt es sich in giftiges Ammoniak. Ein Wert von 0,1 bis 0,5 mg/l ist unbedenklich, bei Werten über 0,5 mg/l müssen Sie sofort Gegenmaßnahmen ergreifen (→ Info). Der Ammonium-Gehalt sollte am besten gar nicht messbar sein.

Nitrit-Wert Nitrit ist eine für Koi sehr giftige Stickstoffverbindung, die beim Abbau von Ammonium entsteht. Es sollte im Teich gar nicht nachweisbar sein. Nitrit verwandelt das Hämoglobin im Blut der Fische in Methämoglobin, das den Sauerstofftransport behindert. Nitrit wird durch die Filterbakterien zu fischungiftigem Nitrat abgebaut. Ein Nitrit-Wert bis 0,3 mg/l Wasser kann toleriert werden. Werte von 0,3 bis 0,6 mg/l sind jedoch zu hoch. Bei Werten um 1 mg/l ist das Leben der Koi in Gefahr. Stellen Sie die Fütterung ein, und machen Sie im Abstand mehrerer Tage kleinere Wasserwechsel.

Sauerstoffgehalt Nicht nur die Koi brauchen Sauerstoff, auch die Filterbakterien können nur optimal arbeiten, wenn das Wasser genug Sauerstoff enthält. Ein Wert von 7 mg/l ist ideal, 5–6 mg/l sind noch tolerabel, unter 5 mg/l beginnen sich die biologischen Prozesse im Teichwasser negativ zu verändern. Je höher die Wassertemperatur ansteigt, umso mehr Sauerstoff sollte zugeführt werden.

Wasserqualität schnell verbessern

FÜTTERUNG Egal welcher Wert außer Kontrolle gerät: Stellen Sie als Erstes die Fütterung ein.

PH-WERT REGULIEREN Erhöhte Werte reguliert man mit einem Präparat wie pH-Minus (Säure). Vorsichtig dosieren und den Wert stündlich kontrollieren! Zu niedrige pH-Werte erhöht man durch Zugabe von sehr wenig Branntkalk. Teich beschatten, damit sich das Wasser nicht zu stark erwärmt!

NITRIT-WERT REGULIEREN Bei zu hohen Ammonium- und Nitrit-Werten führt man Wasserwechsel durch – maximal 20 % der Wassermenge. Den Filter eventuell mit Starterbakterien anreichern.

SAUERSTOFFGEHALT ERHÖHEN Atmen die Koi schwer und ist der Sauerstoffgehalt zu niedrig, bringen Sie eine zusätzliche Belüftung an und machen kleinere Wasserwechsel.

Know-how für die Teichpflege

Nach einer Anfangsphase von etwa zwei Monaten stabilisiert sich das Teichsystem. Nun können Sie Ihren Koi-Teich in vollen Zügen genießen, weil jetzt nur noch wenig tägliche Pflege nötig ist.

Regelmäßige Pflegearbeiten

Mit etwas Routine wird die tägliche Pflege des Koi-Teichs zum Vergnügen. Die Grundvoraussetzung für einen gut funktionierenden Teich und zufriedene Koi ist, dass Sie sich die Zeit nehmen, Ihre Tiere täglich zu beobachten. So kennen Sie bald die Eigenarten jedes einzelnen Koi und können bei der kleinsten Veränderung auf ein eventuelles Unwohlsein der Tiere schließen.

Verhalten sich Ihre Koi außergewöhnlich oder wird das Wasser trüb und riecht sogar ein wenig unangenehm, sollten Sie zuerst die Wasserwerte messen. Diese geben immer Aufschluss über das Wohlbefinden der Fische.

› Sie sollten vor allem den pH- und Nitrit-Wert im Auge behalten und je nach Bedarf messen. Nach den Wintermonaten ist eine wöchentliche Prüfung des pH-Werts sehr wichtig, da unter der Teichabdeckung chemische Prozesse im Wasser ablaufen und beispielsweise Faulgase entstehen können. Im Frühjahr reicht es, die Wasserwerte alle zwei bis drei Wochen zu messen, bei höheren Wassertemperaturen ist das Überprüfen der Werte sogar einmal wöchentlich notwendig.

› Gegen erhöhte Wasserwerte können Sie im Fachgeschäft spezielle Präparate und sonstige Pflege- und Aufbereitungsmittel für Ihren Koi-Teich kaufen. Versichern sie sich aber vorab, ob das entsprechende Produkt auch fisch- und pflanzenverträglich ist.

› Zu den täglichen Pflegeaufgaben gehört auch die Kontrolle der Filteranlage und deren konstanter Belüftung. Den mechanischen Filterteil sollten Sie etwa einmal pro Woche – je nach Jahreszeit und

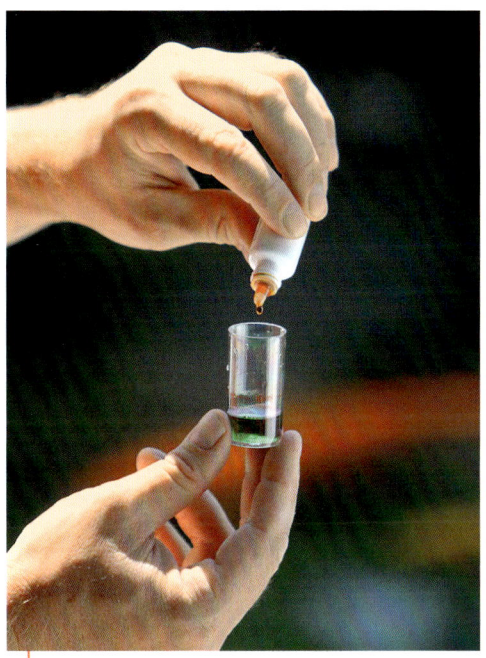

Wichtige Kontrolle: Die handelsüblichen Tropf-Indikatoren erlauben ein schnelles Prüfen der Wasserqualität im Lebensraum der Koi.

Fütterung auch öfter – mit einem starken Wasserstrahl reinigen. Den biologischen Filter sollten Sie dagegen nur, wenn sich sehr viel Feinschmutz angesammelt hat, vorsichtig auswaschen. Dies sollte jedoch maximal einmal pro Jahr nötig sein, um die Filterbakterien nicht zu sehr zu dezimieren.

› Bei hohem Fischbesatz ist hin und wieder ein kleinerer Wasserwechsel empfehlenswert. Dabei sollte man jedoch nie mehr als 20 % des Teichvolumens austauschen. Leiten Sie aber niemals gesammeltes Regenwasser, sondern immer nur Leitungswasser in den Teich. Besonders Wasser, das vom Dach über Kupferrinnen in einen Sammelbehälter läuft, ist oft mit Schadstoffen belastet, die den Koi schaden können.

› Kontrollieren Sie regelmäßig die Wassertemperatur im Teich. Schwankungen von mehr als 4 °C wirken sich negativ auf das Wohlbefinden der Koi aus.

› Im Frühjahr ist ein kleines Verwöhnprogramm für Ihre Fische angesagt. Fügen Sie dem Teichwasser 0,1 % bis 0,2 % Salz oder Meersalz zu – das entspricht 1–2 kg pro 1000 l Wasser. Es pflegt die Schleimhaut und die Kiemen der Koi, schützt sie zusätzlich vor Hautparasiten.

› Eine spezielle Mineralstoffmischung (Fachhandel), die man den Koi alle zehn bis zwölf Wochen verabreicht, sorgt außerdem noch für eine verbesserte Farb- und Hautqualität.

Kleine Krankenpflege

Scheuern sich Ihre Fische ungewöhnlich häufig an Gegenständen oder am Teichgrund, sind meistens Parasiten auf der Schleimhaut die Ursache (→ Seite 59). Spezielle Desinfektionsmittel für Gartenteiche aus dem Fachgeschäft schaffen Abhilfe. Untersuchen Sie Ihre Koi auch auf Verletzungen. Diese können sich die Fische an scharfen Kanten, z. B. am Wassereinlauf oder an einer Felseinfassung, zuziehen. Manchmal werden sie aber auch durch eine Katze verursacht. Fangen Sie verletzte Koi mit einem großen runden, an beiden Seite offenen Kescher mit knotenlosem Netztuch aus dem Teich. Setzen Sie ihn in ein 100-Liter-Becken, das mit Wasser gefüllt ist, und desinfizieren Sie die Wunde. Für kleinere Strecken durch den Garten können Koi in einem leicht mit Wasser gefüllten und mit der Hand fest zugehaltenen Plastikbeutel transportiert werden.

Das an der Teichoberfläche ausgebrachte künstliche Laichgras ermöglicht Ihren Koi das Ablaichen.

Teichpflege rund ums Jahr

Frühjahr Etwa Ende März – je nach Außentempe-ratur – beginnt die Teichsaison. Als Erstes sollten Sie die Winterabdeckung vom Koi-Teich entfernen. Am besten nehmen Sie zunächst aber nur einen Teil der Abdeckung ab. Sollte es nachts doch noch einmal sehr kalt werden, sollten Sie den Teich etwas beheizen.

› Falls im Herbst nicht geschehen, können Sie jetzt noch für die mehrwöchige Übergangszeit spezielle Teichheizer installieren (→ Seite 57). Ob es Ihren Koi zu kalt ist, können Sie an deren Verhalten able-sen: Die Tiere ziehen sich dann mit angelegten Flossen an den Teichgrund zurück und lassen sich kaum noch an der Oberfläche sehen.

› Nach dem Winter empfiehlt sich eine Teichdes-infektion, weil die Koi nach der kalten Jahreszeit meistens anfälliger für Parasiten sind. Am besten überprüfen Sie Ihre Koi gründlich auf verdickte Schleimhautpartien – diese sind ein Symptom für Hautparasiten (→ Seite 59). Bei Verdacht auf Para-siten kann ein Hautabstrich durch einen Fachtier-arzt genauen Aufschluss geben.

› Die Teichpumpe sollte nun langsam wieder auf volle Leistung hochgefahren werden. Damit der biologische Filter möglichst rasch wieder seine Höchstleistung bringt, können Sie Starterbakterien (Fachhandel) zusetzen.

› Sollte sich das Teichwasser grünlich verfärben, obwohl die Filteranlage funktioniert, sollten Sie prüfen, ob die Röhre in der UV-Lampe gegen Grün-algen noch funktionsfähig ist. Tauschen Sie sie gegebenenfalls aus.

› Da man nie genau vorhersagen kann, wann die Laichzeit der Koi beginnt, können Sie im späten Frühjahr, etwa Ende Mai, vorsorglich das Laichgras im Teich befestigen.

Laichzeit im Teich

TIPPS VOM
KOI-EXPERTEN
Richard Hilble

Wenn die Wassertemperatur zwischen Mitte Mai und Anfang Juni auf über 20 °C klettert, beginnt die spannendste Phase im Teich – die Laichzeit.

LAICHGRAS Aufgeregtes Hin- und Herschwim-men zeigt an, dass Ihre Koi bereit zum Ablaichen sind. Stellen Sie ihnen Wasserpflanzen oder künstliches Laichgras zur Verfügung.

PAARUNGSRITUAL Die paarungswilligen Männ-chen treiben die laichtragenden Weibchen durch den Teich. Durch Anstupsen und Verfolgungs-rituale stimulieren sie die Weibchen zur Eiablage.

BEFRUCHTUNG Der klebrige Laich bleibt auf dem Gras haften. Nun geben die hinter den Weib-chen herschwimmenden Männchen zur Befruch-tung ihren Samen über den Eiern ab.

NACH DEM ABLAICHEN Ein Weibchen bildet pro Kilogramm Körpergewicht ca. 200 000 Eier. Einen großen Teil davon fressen die Koi nach dem Ablaichen – das ist ein normales Verhalten. Weil das Wasser durch den Laich belastet wird, sollten Sie in den nächsten Tagen nicht füttern und bei Bedarf einen Wasserwechsel machen.

Sommer Jetzt ist der Höhepunkt im Koi-Jahr. Die Fische sind sehr aktiv und dürfen bis zu fünfmal täglich gefüttert werden.

› Achten Sie darauf, dass die Filterleistung und die Belüftung auf vollen Touren arbeiten, da die Koi durch ihre starke Stoffwechsel- und Verdauungstätigkeit besonders viel Sauerstoff verbrauchen.

› Durch die häufige Fütterung wird das Wasser stärker mit Futterresten belastet. Sie sollten deshalb mindestens einmal pro Woche den mechanischen Filter säubern.

› Ein regelmäßiger kleiner Wasserwechsel (maximal 20 %) tut dem Teichsystem ab und zu gut. Belüften Sie das Wasser bei steigenden Temperaturen zusätzlich, und beschatten Sie den Teich.

› Kommt es trotz aller vorbeugenden Maßnahmen, bedingt durch die erhöhte Sonneneinstrahlung im Sommer und hohen Nährstoffgehalt, zu starkem Algenwachstum, können Sie mithilfe spezieller Präparate (Fachhandel) die Nährstoffe binden, sodass sie den Algen nicht mehr zur Verfügung stehen.

Mein Tipp Der Sommer ist die beste Zeit, um Ihre Koi-Sammlung mit dem einen oder anderen Neuzugang zu bereichern. Die Koi haben noch Zeit genug, sich vor dem Winter im Teich einzuleben. Ab Ende September sollten Sie keine Koi mehr einsetzen.

Beschattung muss sein, um Algenwachstum im Teich und Sonnenbrand bei Ihren Koi vorzubeugen. Ein Segeltuch kann individuell je nach Wetterlage aufgespannt werden und sieht obendrein gut aus.

Herbst Die kühleren Tage kündigen sich an und die Fische werden deutlich ruhiger.

› Entfernen Sie Falllaub von der Teichoberfläche, damit es den Filter nicht verstopft.

› Sollten im Herbst allzu viele Blätter auf die Teichoberfläche fallen, wird der Skimmer (Oberflächenabsaugung) schnell verstopfen. Vielleicht besorgen Sie dann besser ein Netz und überspannen den Teich vorübergehend damit.

› Reduzieren Sie nach und nach die Fütterung.

› Nun können Sie auch die UV-Lampe wieder ausschalten. Fällt die Temperatur im Teich unter 10 °C, sollten Sie die Pumpenleistung um bis zu 50 % reduzieren, damit Ihre Koi nicht unnötig gegen die Strömung schwimmen müssen und Kräfte sparen.

› Überbrücken Sie kalte Herbsttage mit dem Teichheizer (→ unten) – der Winter ist vor allem für kleinere Koi ohnehin anstrengend genug.

› Bevor es endgültig Winter wird, empfiehlt sich ein Gesundheitscheck und eine Teichdesinfektion.

Optimal als Teichabdeckung im Winter sind schwarze Kunststoff-Hohlkugeln. Sie passen sich jeder Teichform an und ermöglichen den Gasaustausch.

So kommen Koi gut über den Winter

Damit die Koi den Winter gut überstehen, sollten Sie dafür sorgen, dass möglichst wenig Wärme im Teich verloren geht und größtmögliche Ruhe herrscht. Schalten Sie deshalb Bachläufe und Springbrunnen ab. Das Teichwasser sollte aber weiterhin belüftet werden, und auch das Filtersystem sollte, wenn auch reduziert, weiterlaufen. Lassen Sie keine geschlossene Eisschicht entstehen. Wenn Sie sie aufbrechen müssen (Gasaustausch!), schrecken die Fische aus der Winterruhe auf – dies könnte zum Tod schwächerer Tiere führen.

› Wenn die Wassertemperatur Anfang Dezember unter 10 °C sinkt, sollten Sie den Teich abdecken. So wird er abgedunkelt und es herrscht mehr Ruhe. Geeignet dazu sind spezielle Kunststoff-Hohlkugeln,

Schilfmatten oder Luftpolsterfolie. Solche Abdeckungen haben – anders als eine Eisschicht – den Vorteil, dass Faulgase, die durch im Winter absterbende Pflanzen entstehen, entweichen können und nicht die Kiemen der Fische schädigen. Integrieren Sie ein Sichtfenster aus zusammengesteckten schwimmenden Rohren in der Abdeckung. So können Sie ab und zu nachschauen, ob im Teich alles in Ordnung ist. Wichtig: Sorgen Sie dafür, dass niemand die Abdeckung betreten kann (→ Seite 37).

› Kontrollieren Sie regelmäßig die Temperatur im Teich, sie darf keinesfalls unter 4–6 °C sinken. Zur Vorsorge sollten Sie einen oder mehrere Teichheizer auf den Grund legen. Solche Heizstäbe gleichen Temperaturschwankungen aus und müssen bei Bedarf nur eingeschaltet werden.

› Vergessen Sie nicht, die Fütterung der Koi unter 7 °C ganz einzustellen.

Der Umgang mit kranken Koi

Trotz bester Pflege, ausgewogener Ernährung und guter Wasserwerte können Koi erkranken. Statt neugierig an die Wasseroberfläche zu kommen und sich beim Füttern die besten Brocken zu schnappen, ziehen sie sich zurück und stellen das Fressen ein.

Welche Krankheiten gibt es?

Man unterscheidet bei Koi Parasitenbefall sowie durch Bakterien oder Viren hervorgerufene Krankheiten. Alle können für Koi gefährlich werden. Um die richtige Diagnose zu stellen und eine geeignete Behandlung zu finden, brauchen Sie unbedingt den Rat eines auf Fische spezialisierten Tierarztes. **Parasiten und Pilze** Beide können durch unzureichende Teichhygiene, nach dem Kauf neuer Koi oder nach dem Besuch von Wasservögeln im Koi-

Teich auftreten. Auch eine zu hohe Besatzdichte begünstigt ihre Verbreitung. Parasiten und Pilze kommen in fast jedem Gewässer vor und können bei Fischen mit einem gesunden Immunsystem meist nicht viel anrichten. Kommt es dennoch zum Befall, gilt: Je früher man die Plagegeister erkennt, umso besser kann man sie mit entsprechenden Desinfektionsmitteln bekämpfen. Parasiten wie Hauttrüber (Costia, Trichodina), Ankerwürmer, Karpfenlaus und Ichtio (Grießkörnchenkrankheit) kann man mit bloßem Auge erkennen. Erste Symptome: Die Koi scheuern und reiben befallene Körperstellen, die Schleimhaut verdickt sich und ist besonders bei dunklen Fischen als Grauschleier sichtbar.

Bakterien Meist treten Bakterienkrankheiten bei Koi auf, die durch Parasiten geschwächt sind – die Erreger können z. B. an aufgescheuerten Hautstellen in den Körper eindringen. Befallene Koi ziehen sich vom Schwarm zurück und verweigern die Futteraufnahme. Durch offene entzündete Körperstellen gelangen Bakterien ins Teichwasser. Bringen Sie daher erkrankte Tiere separat unter, z. B. in einem Quarantänebecken (→ Seite 23).

Mein Tipp Entzündungen auf der Bauchseite werden leicht übersehen – lassen Sie sich deshalb vor dem Kauf immer auch die Unterseite der Koi zeigen, und kaufen Sie nie Fische mit kleinen Verletzungen.

Viren Viruserkrankungen sind im Anfangsstadium nicht zu erkennen. Sie werden durch den Kauf infizierter Koi eingeschleppt und können den ganzen Bestand anstecken. Schutz bietet nur eine Quarantäne, die seriöse Händler nach dem Import der Koi aus Japan durchführen. Bei zweifelhafter Herkunft sollte man zu Hause eine Quarantäne durchführen.

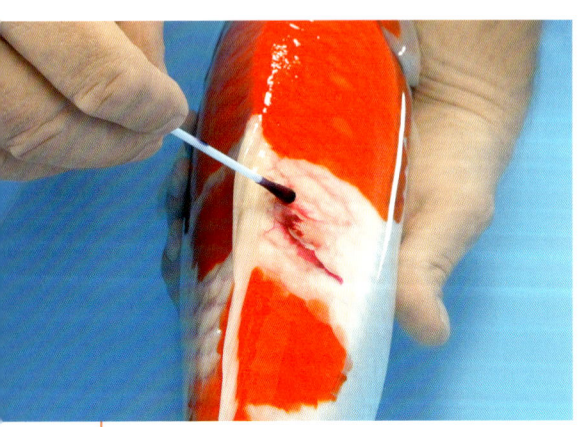

Zur Desinfektion von Hautverletzungen bei Koi wird eine spezielle Tinktur mithilfe eines Wattestäbchens auf die betroffene Stelle aufgetragen.

Die wichtigsten Krankheiten bei Koi

SYMPTOME	URSACHE	BEHANDLUNG
Heftiges Scheuern, Grauschleier, Hautrötung, verstärkte Atmung	Hauttrüber wie Costia, Chiladonella, Trichodina	Hautabstrich; Teichbad mit Formalin und Malachitgrünoxalat
Feinste weiße Pünktchen – wie Grieß – auf der Schleimhaut	Ichthyophthirius (Grießkörnchenkrankheit)	Teichbad mit Malachitgrünoxalat
Starkes Scheuern, spucken, schwimmen rückwärts; wirken lustlos	Kiemen- und Hautsaugwürmer (Dactylogyrus und Gyrodactylus)	Hautabstrich; Teichbad mit Mebendazol (für Goldfische unverträglich!) oder Praziquantel
Heftiges Springen und Scheuern, gerötete Stellen um den Parasit	Sichtbare Parasiten wie Karpfenlaus, Fischegel, Ankerwurm	Kurzzeitbad mit Branntkalk oder Teichbad mit Dimilin (Fachmann!)
Watteartiger Belag an Schleimhautverletzungen	Pilzerkrankung (Saprolegniasis)	Vorsichtig entfernen, Bad und Desinfektion mit Malachitgrünoxalat
Aufgedunsener Körper, abstehende Schuppen, Glotzaugen; selten ansteckend	Bakterielle Bauchwassersucht	Tierarzt aufsuchen; rechtzeitige Fütterung, Kurzzeitbad oder Injektion mit Antibiotika
Rote, entzündete Hautstellen, offene Wunden; ansteckend!	Bakterielle Hautinfektion	Tierarzt aufsuchen; Fütterung, Bad oder Injektion mit Antibiotika, Wasser auf über 26 °C heizen
Appetitlosigkeit, angeschwollene Kiemen, starke Atemfrequenz	Kiemenschwellung (= Kiemennekrose; Bakterienkrankheit)	Nicht füttern, Bad mit Kiemenpulver oder Chloramin T (Fachmann!)
Weiße Erhebungen, meist an den Flossenenden; harmlos	Karpfenpocken (Virus)	Abkratzen und mit Desinfektionsmittel betupfen
Körper angeschwollen und von Entzündungen bedeckt; sehr selten, aber sehr ansteckend	Fischtuberkulose (Virus)	Tierarzt aufsuchen; Teichwasser über 26 °C erwärmen
Starke Kiemenschäden, Schleimflocken auf der Haut	KHV (Koi-Herpes-Virus; tödliche Seuche!)	Tierarzt aufsuchen! Nachweis über Kiemenabstrich im Labor
Sichtbare Ausbuchtungen oder Verhärtungen am Körper	Tumoren	Tierarzt aufsuchen; manchmal operativ entfernbar
Kratzer und Schleimhautverletzungen	Äußere Verletzungen durch Katzen, Graureiher o. Ä.	Fisch herausfangen, Wunde säubern und desinfizieren

Die **halbfett** gesetzten Seitenzahlen verweisen auf Abbildungen, U = Umschlag, UK = Umschlag-klappe.

Die Inhalte dieses Buches beziehen sich auf die Bestimmungen des deutschen Tier- bzw. Artenschutzes. In anderen Ländern können die Angaben abweichend sein. Erkundigen Sie sich daher im Zweifelsfall bei Ihrem Zoofachhändler oder bei der entsprechenden Behörde.

Adressen

Verbände/Vereine

› Verband Deutscher Vereine für Aquarien- und Terrarienkunde e. V. (VDA), Geschäftsstelle: Manfred Rank, Steinbühlleite 12, 95234 Sparneck, www.vda-online.de
Der VDA gibt Auskunft über Adressen von Aquarienverbänden und hilft bei der Vermittlung von Kontakten.

Wichtiger **Hinweis**

› Achten Sie beim Kauf von elektrischen Geräten für den Koi-Teich darauf, dass sie das VDE- oder GS-Zeichen tragen und vom TÜV geprüft wurden.

› Überlassen Sie Reparaturen an elektrischen Geräten stets einem Fachmann. So gehen Ihnen die Garantieansprüche nicht verloren, und Sie vermeiden Stromunfälle.

› Achten Sie beim Betrieb von elektrischen Geräten darauf, dass deren sensible Teile nie mit Wasser in Berührung kommen. Die Installation eines Fehlerstromschutzschalters ist ratsam.

› Bundesverband für fachgerechten Natur- und Artenschutz e. V. (BNA), Ostendstr. 4, 76707 Hambrücken, www.bna-ev.de
› Koi Liebhaber am Niederrhein (KLAN), Kempener Allee 8, 47803 Krefeld, www.koiklan.de
› Österreichischer Verband für Vivaristik und Ökologie (ÖVVÖ), Gerhard Gabler, Bonygasse 49/14, A-1120 Wien, www.oevvoe.org
› Oberösterreichischer Verband für Vivaristik und Ökologie (OÖVVÖ), Hans Esterbauer (Präsident), Johann-Puch-Str. 27/III/5, A-4400 Steyr, www.ooevvoe.at

Untersuchungsstellen

› Institut für Zoologie, Fischereibiologie und Fischkrankheiten der Tierärztlichen Fakultät der LMU München, Kaulbachstr. 37, 80539 München, www.vetmed.uni-muenchen.de/zoofisch
› Universität Gießen, Klinik für Vögel, Reptilien, Amphibien und Fische, Frankfurter Str. 87, 35392 Giessen, www.vetmed.uni-giessen.de/kli.htm

Bezugsquellen für japanische Koi

› SAKANAYA Bodensee, Fischwirtschaftsmeister Richard Hilble, Waldhornstr. 8, 88677 Markdorf, Tel. 0 75 44/85 89
› SAKANAYA, Fischwirtschaftsmeister Robert Hilble, Edelsbrunn 1, 94501 Aldersbach, Tel. 0 85 43/91 73 23

Sachversicherungen

› Deutscher Ring, Ludwig-Erhard-Str. 22, 20459 Hamburg, www.deutscherring.de

Fragen zur Haltung beantworten

Ihr Zoofachhändler und der Zentralverband Zoologischer Fachbetriebe Deutschlands e. V. (ZZF), Tel.: 06 11/44 75 53 32 (nur telefonische Auskunft möglich: Mo 12–16 Uhr, Do 8–12 Uhr), www.zzf.de

Koi im Internet

› www. sakanaya.de
› www. sakanaya.eu
› www. koi.de
› www. koi-live.de

Bücher

› Amlacher, E.: Taschenbuch der Fischkrankheiten. Gustav Fischer Verlag, Jena
› Gutjahr, A.: 300 Fragen zum Gartenteich, Gräfe und Unzer Verlag, München
› Pozar, A. R./Höfte, B. B. ter: Koi – Könige der Gartenteiche, Tetra Verlag GmbH, Münster

Zeitschriften

› DATZ. Aquarien- und Terrarien-Zeitschrift. Verlag Eugen Ulmer, Stuttgart, www.datz.de
› Aquaristik-Fachmagazin. Tetra Verlag GmbH, Berlin-Velten, www.tetra-verlag.de
› midori – Fachmagazin für Koi-Teich- und Gartenkultur, Koi-Verlag, Rheda-Wiedenbrück, www.midori-magazin.com

Freude am Tier

Die neuen Tierratgeber – da steckt mehr drin

ISBN 978-3-8338-0868-5
64 Seiten

ISBN 978-3-8338-1206-4
64 Seiten

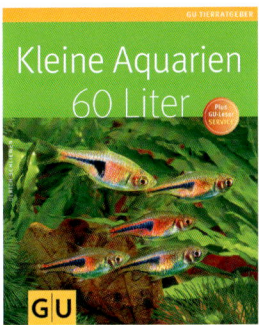

ISBN 978-3-8338-1167-8
64 Seiten

ISBN 978-3-8338-1195-1
64 Seiten

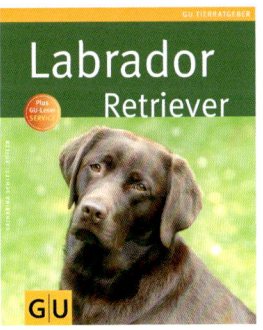

ISBN 978-3-8338-1877-6
64 Seiten

ISBN 978-3-7742-1604-4
64 Seiten

Änderungen und Irrtum vorbehalten.

Das macht sie so besonders:

Praxiswissen kompakt – vermittelt von GU-Tierexperten

Praktische Klappen – alle Infos auf einen Blick

Die 10 GU-Erfolgstipps – so fühlt sich Ihr Tier wohl

Willkommen im Leben.

Unsere Garantie

Alle Informationen in diesem Ratgeber sind sorgfältig und gewissenhaft geprüft. Sollte dennoch einmal ein Fehler enthalten sein, schicken Sie uns das Buch mit dem entsprechenden Hinweis an unseren Leserservice zurück. Wir tauschen Ihnen den GU-Ratgeber gegen einen anderen zum gleichen oder ähnlichen Thema um.

Liebe Leserin und lieber Leser,

wir freuen uns, dass Sie sich für ein GU-Buch entschieden haben. Mit Ihrem Kauf setzen Sie auf die Qualität, Kompetenz und Aktualität unserer Ratgeber. Dafür sagen wir Danke! Wir wollen als führender Ratgeberverlag noch besser werden. Daher ist uns Ihre Meinung wichtig. Bitte senden Sie uns Ihre Anregungen, Ihre Kritik oder Ihr Lob zu unseren Büchern. Haben Sie Fragen oder benötigen Sie weiteren Rat zum Thema? Wir freuen uns auf Ihre Nachricht!

Wir sind für Sie da!

Montag–Donnerstag: 8.00–18.00 Uhr;
Freitag: 8.00–16.00 Uhr *(0,14 €/Min. aus dem dt. Festnetz/
Tel.: 0180-5 00 50 54* Mobilfunkpreise
Fax: 0180-5 01 20 54* können abweichen.)
E-Mail:
leserservice@graefe-und-unzer.de

P.S.: Wollen Sie noch mehr Aktuelles von GU wissen, dann abonnieren Sie doch unseren kostenlosen GU-Online-Newsletter und/oder unsere kostenlosen Kundenmagazine.

GRÄFE UND UNZER VERLAG
Leserservice
Postfach 86 03 13
81630 München

© 2010
GRÄFE UND UNZER VERLAG GmbH, München

Projektleitung: Cornelia Nunn
Lektorat: Barbara Kiesewetter
Bildredaktion: Petra Ender
Umschlaggestaltung und Layout: independent Medien-Design, Horst Moser, München
Herstellung: Claudia Labahn
Satz: Uhl + Massopust, Aalen
Reproduktion: Longo AG, Bozen
Druck: Firmengruppe APPL, aprinta druck, Wemding
Bindung: Firmengruppe APPL, sellier druck, Freising

Printed in Germany

ISBN 978-3-8338-1203-3

1. Auflage 2010

Der Autor

Richard Hilbe ist Fischwirtschaftsmeister. Seit 1988 hat er sich ausschließlich dem Thema Koi zugewandt – mit Haltung, Import aus Japan und Verkauf. 1990 gründete er die Firma SAKANAYA Bodensee. 2006 schloss er seine Weiterbildung zum geprüften Sachverständigen für Koi und Koi-Teiche ab. Durch seine langjährige Erfahrung in der Koi-Haltung besitzt er ein fundiertes Wissen über die Fische.

Die Fotografin

Christine Steimer ist freie Fotografin und hat sich auf Tierfotografie spezialisiert. Sie arbeitet für internationale Buchverlage, Fachzeitschriften und Werbeagenturen. Alle Fotos in diesem Buch stammen von Christine Steimer mit Ausnahme von: **Botanikfoto:** 42; **Gettyimages:** Cover; **R. Hilble:** 7-1, 57; **Juniors:** U8-mi; **T. Ogata:** 12; **H. Reinhard:** 6; **C. Schick:** 31,32; **Soliday:** 56; **Bildarchiv Strauß:** 44; **A. Timmermann:** 41-1.

Syndication:
www.jalag-syndication.de

GRÄFE UND UNZER

Ein Unternehmen der
GANSKE VERLAGSGRUPPE